碳达峰碳中和概论

主　编　孔晓波

副主编　陈华芳　刘永芳　于潜文

参　编　蔡振华　徐　鹏　罗　培

机 械 工 业 出 版 社

本书深入探讨了碳达峰与碳中和的相关概念、政策、技术路径、市场机制及国际合作现状。本书主要内容包括认识“碳达峰、碳中和”、“双碳”国际合作现状、“双碳”目标与气候变化、全球碳责任与绿色未来、实现碳中和的技术路径、实现碳中和的市场机制、碳中和的人才发展机遇共七章。

本书旨在帮助读者全面理解碳达峰、碳中和的意义、目标和实现途径，通过理论与实践相结合的方式，提供丰富的案例和实践操作指导，促进相关行业和社会的可持续发展。本书适用于高职院校学生、相关从业人员以及对碳达峰、碳中和议题感兴趣的广大读者。

为方便教学，本书配有电子课件等资源。凡选用本书作为授课教材的教师均可登录 www.cmpedu.com，以教师身份注册后免费下载，或来电咨询，咨询电话：010-88379201。

图书在版编目（CIP）数据

碳达峰碳中和概论 / 孔晓波主编. -- 北京 : 机械工业出版社，2024. 11. -- ISBN 978-7-111-77004-6

Ⅰ. X511

中国国家版本馆 CIP 数据核字第 2024V5B060 号

机械工业出版社（北京市百万庄大街22号　邮政编码100037）

策划编辑：师　哲　　　　责任编辑：师　哲

责任校对：李　杉　张　薇　　封面设计：张　静

责任印制：郜　敏

中煤（北京）印务有限公司印刷

2025年1月第1版第1次印刷

210mm×285mm · 11印张 · 288千字

标准书号：ISBN 978-7-111-77004-6

定价：45.00 元

电话服务	网络服务
客服电话：010-88361066	机　工　官　网：www.cmpbook.com
010-88379833	机　工　官　博：weibo.com/cmp1952
010-68326294	金　　书　　网：www.golden-book.com
封底无防伪标均为盗版	机工教育服务网：www.cmpedu.com

引言

在浩瀚的宇宙中，有一个毫不起眼的蓝色星球。但是，这里生生不息、生机勃勃，这就是我们的家园——地球。

地球上生活着大约150万种动物和大约50万种植物，这些生物都被称为碳基生物。所谓的碳基生物是指以碳元素为有机物质基础的生命体。在构成碳基生物的氨基酸中，连接氨基与羧基的是碳元素，所以它们被称作碳基生物。

正因如此，地球上的植物吸收二氧化碳，通过光合作用转化为富能有机物（例如葡萄糖），并释放氧气；而动物吸入氧气，呼出二氧化碳，二氧化碳又成为植物光合作用的新原料。地球上的碳基生物形成了一个稳定和谐的生态圈，大自然遵循着“互惠互利，和谐共生”的规律，平静地演进。然而，自工业革命以来，随着工业化进程的快速发展，燃煤发电，能源过度消耗，燃油汽车走进千家万户，人类的活动正在加速打破大自然的平衡。近200年来，人类向地球排放了数千亿吨的二氧化碳，这些二氧化碳和其他的温室气体一起包裹着地球，产生温室效应，加速地球温度的升高，最终导致全球气候变化，极端天气频发，环境的恶化正在威胁人类的生存。在这种背景下，全球主要国家纷纷提出自己的“碳达峰、碳中和”（简称“双碳”）目标，誓言共同守卫地球家园。有些人会不解地问：“双碳”是什么？它跟我们的生活有什么关系吗？甚至有人会问，我是学××专业的，跟“双碳”毫无瓜葛，为什么要学习这样一门课程？

事实上，人类的生活、工作、学习等方方面面都和“双碳”有着密不可分的联系。从哲学层面讲，“双碳”体现的是“道法自然”，人类的各项活动都要顺应自然的规律，才能行稳致远；从理念层面讲，“双碳”体现的是环保理念，人与自然和谐共生，最终实现人类社会的可持续发展；从法则的层面讲，“双碳”是碳交易的制度约束，是各个国家、主要产业的经济转型和结构调整；从战术的层面讲，“双碳”是新赛道、新产业的发展机会，是新的就业岗位，是每个人从我做起，用实际行动改变生活的自我升华。

孔晓波

前言

随着全球气候变化不断加剧和日益严峻的环境挑战，碳达峰、碳中和成了国际社会共同关注的重要议题。2020 年 9 月 22 日，国家主席习近平在第七十五届联合国大会一般性辩论上发表重要讲话强调："中国将提高国家自主贡献力度，采取更加有力的政策和措施，二氧化碳排放力争于 2030 年前达到峰值，努力争取 2060 年前实现碳中和。"由此，我国拉开了保护环境、升级产业，为实现"碳达峰、碳中和"而全民奋斗的伟大序幕。作为一个国家的重要发展战略，碳达峰、碳中和不仅关乎全球气候的稳定，还对经济、能源、工业和社会结构带来深远的影响。本书将带读者深入了解碳达峰、碳中和的历史背景和国际合作进展，为读者构建全面的认知框架。

本书的编写思路是以习近平新时代中国特色社会主义思想为指引，坚持创新、协调、绿色、开放、共享的新发展理念，帮助读者全面了解碳达峰、碳中和的意义、目标和实现途径。编者希望通过对碳达峰、碳中和的探讨，激发读者对环保与可持续发展的关注，培养环保意识，促进相关行业和社会的可持续发展。同时，着重针对高职学生的学习特点，注重理论与实践相结合，以案例、图表等形式直观呈现内容，提供丰富的实践操作和职业就业指导，以服务于地方经济的发展和学生走向社会的工作需求为目标。本书的主要特色如下：

1. 聚焦"理实一体化"综合育人理念，对课程的学习目标、能力目标和素养目标进行重构设计，将课堂理论学习与实践活动融入课程教学考核评价体系，注重实用性，体现先进性，保证科学性，凸显职业性，贯穿可操作性。

2. 践行"五育并举"的人才培养目标，将文化教育与素质教育相融合，将可持续发展理念与专业能力培养相结合，实现社会价值与人的发展价值相统一，坚定学生的理想信念，加强职业道德与爱国主义的教育，激发学生的家国情怀和使命担当，培养学生的工匠精神，培养适合新时代发展需要的技术技能型人才。

3. 突出实用性与趣味性相结合的特点，一方面，本书为校企合作开发教材，在北京中创碳投科技有限公司的大力支持下，在江苏财经职业技术学院的鼎力相助之下，立足先进的职业教育理念，将碳达峰、碳中和的新理念、新进展融入书中，让本书具有很强的实用性；另一方面，为了增加教材的趣味性，在每个章节都设置了"开篇故事"或者"开篇案例"，为了便于读者更好地理解和掌握课程的内容，每个章节都设计了实践性环节，灵活运用知识竞赛、辩论赛、实践实操和案例分析等多种方式，帮助读者深入理解相关的概念和理论。

4. 本书借助“互联网 +”及信息技术，使内容立体化、可视化、数字化，能够满足“人人皆学、处处能学、时时可学”的学习需要，同时本书紧抓数字化机遇，将二维码等数字技术融入书中，助力学生学习成长。

本书的内容主要包含七章，聚焦于“什么是碳中和”“为什么要实现碳中和”和“怎样实现碳中和”三个问题。

前两章总体阐述了“‘双碳’是什么”的问题。为了让读者更好地理解碳中和的概念，在第一章介绍了“碳达峰、碳中和”的基本概念及其给社会带来的变化，以及我国双碳工作的“1+N”政策体系；在第二章介绍了“双碳”的国际合作现状，然后从横向维度描述了全球主要国家的节能减碳行动，全景式地展现人类为了实现“双碳”而正在付出的努力。第三章和第四章阐述了“为什么要开展‘双碳’工作”。其中，第三章解释了与“双碳”相关的一些关键概念，例如“温室气体”“温室效应”等，以此说明实现“双碳”目标的意义就在于减小温室效应的影响，从而保护地球减缓温度的升高；第四章分析了全球碳责任与绿色未来，重点阐述了人类为更快速、更经济地实现“双碳”而设计的碳关税机制，在此基础上，就应对气候变化的各项行动和政策对于生态文明和绿色生活方式的影响做了简要的介绍。最后三章介绍了“如何实现碳中和”以及碳中和的人才发展机遇与挑战。第五章从技术角度探讨了碳中和领域的清洁能源、氢能源以及碳捕集利用、封存等主要技术；第六章从碳交易的原理与实务出发，对当前热门的碳交易系统做了介绍；第七章分析了“碳中和”背景下的人才发展机遇。通过这七章的内容介绍，希望可以帮助读者了解“双碳”目标，融入“双碳”社会。

本书由江苏财经职业技术学院孔晓波任主编，由北京中创碳投科技有限公司陈华芳、刘永芳和江苏财经职业技术学院于潜文任副主编。北京中创碳投科技有限公司蔡振华，清华大学互联网产业研究院徐鹏、罗培也参加了本书的编写工作。另外，在本书的编写过程中，北京中创碳投科技有限公司提供了大量的专业技术资料，在此表示感谢。

由于编者水平有限，书中不妥之处在所难免，敬请广大读者批评指正。

编　者

二维码清单

名称	图形	名称	图形
01 第一章第二节　为什么研究碳达峰碳中和		08 第四章第一节　碳排放履约和考核机制	
02 第二章第二节　京都议定书和巴黎协定		09 第六章第一节　碳排放权交易体系基本架构	
03 第三章第一节　温室效应		10 第六章第二节　碳排放权交易发展阶段	
04 第三章第二节　二氧化碳当量		11 第六章第二节　碳排放权交易规模和参与方	
05 第三章第四节　碳中和的底层逻辑		12 第六章第二节　碳市场价格	
06 第四章第一节　碳排放权交易机制		13 第六章第三节　美国碳排放权交易体系	
07 第四章第一节　碳排放权交易政策选择		14 第六章第三节　碳市场抵消机制	

目录 CONTENTS

第一章
认识“碳达峰、碳中和”

【本章导读】

本章先介绍了“碳达峰、碳中和”的概念和意义，以及中国在实现“双碳”目标方面的主要举措，从各个层面解析这一目标的紧迫性和重要性。随后，深入探讨了中国在推进“双碳”目标方面的1+N政策体系，其中，“1”是指一个顶层设计文件中共中央、国务院印发的《关于完整准确全面贯彻新发展理念做好碳达峰碳中和工作的意见》，“N”是指能源、工业、交通、建筑等行业出台的具体执行政策。最后，分别从能源结构调整、产业结构调整、新的发展机会和新的生活方式四个角度来论述实现“双碳”目标会带来的变化。这些变化包括能源结构日趋清洁高效、传统产业加速退出、新兴产业快速崛起、生活方式和价值取向的转变等。

通过本章的学习，可深入理解“碳达峰、碳中和”的概念、意义以及中国在实现“双碳”目标方面所推进的政策体系。同时，还能够清晰地了解到实现这一目标所带来的种种有益变化，为全社会共同关注“双碳”目标提供基础知识支持。

【开篇故事】

2060年的某一天，阳光明媚，微风徐徐。作家赵先生急匆匆地跳上一辆出租车，他要去 ××× 出版社讨论他的最新著作，但是他还在为这本书起什么名字而发愁。

这是一辆无人驾驶的汽车，汽车的能源不是汽油，而是氢气。汽车平稳地行驶在宽阔的马路上，来往的车辆都是氢能源汽车，氢气燃烧后，车辆排放出的都是干净的水，所以不会对环境造成污染。赵先生抬头看着湛蓝的天空，陷入沉思，如果四十年前没有全球一致的“碳达峰碳中和”行动，我们的地球家园会变成怎样的一幅场景呢？很快，汽车就在出版社大楼前停了下来，这是一幢百米高的大楼，整幢楼都被薄膜太阳能电池板包裹着，实现了楼宇电力的自给自足。科技已经高度发达，通过人工智能的管理，大楼已经不再需要空调，人走到哪里都能感受到舒适的温度。赵先生想：“零碳建筑对碳中和也起到了重要的作用啊，节约的每一度电都可以减少化石能源的燃烧，进而减少二氧化碳的排放。”这时，迎面走来了钱编辑，一阵寒暄之后，钱编辑神秘地说：“中午请你吃饭，尝一尝‘二氧化碳面包’。”赵先生眼睛一亮，连忙问道：“这项技术已经商用了？”钱编辑点点头说道：“40年前 ××× 科学院就已经试验成功了二氧化碳转化为淀粉的技术，如今已经可以走进千家万户了，以后，多余排放的二氧化碳都可以变成餐桌上的食物！”赵先生若有所思，沉默一会之后，他忽然大声地对钱编辑说：“我想到书名了，我的这本书记录了碳中和以来的社会变化，并且对比了不实行碳中和给地球造成的灾难性后果，所以，我应该把这本书取名为《生存还是毁灭？假如没有碳中和》”。

两人相视而笑，走入了餐厅。

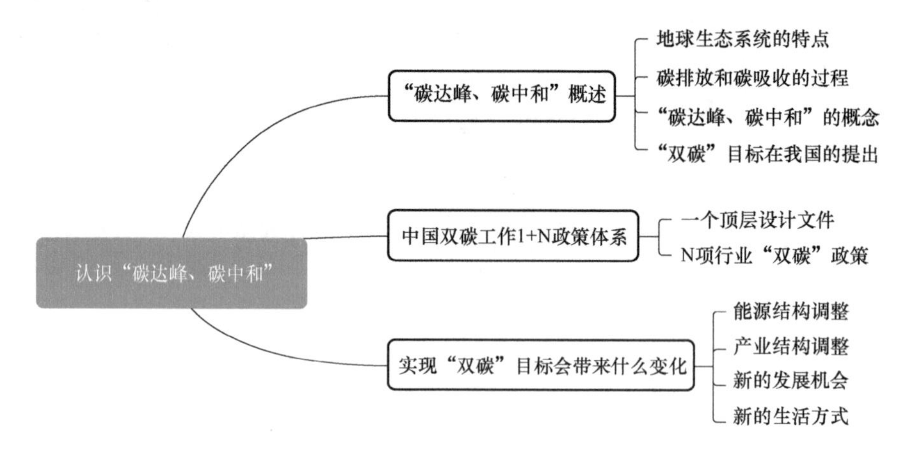

第一节

“碳达峰、碳中和”概述

【学习目标】

1. 理解“碳达峰、碳中和”的概念和含义。
2. 了解我国对于“双碳”目标相关政策的主要内容。

【能力目标】

1. 能够查找有关“碳达峰、碳中和”等环境保护方面的相关信息。
2. 能够准确表述“碳达峰、碳中和”的概念和意义。

【素养目标】

1. 培养对大气污染和气候变化等环境问题的认知，增强对自然生态的尊重和保护意识。
2. 提升信息获取、理解和沟通交流的能力。

【课堂知识】

一、地球生态系统的特点

地球是一个巨大而复杂的系统，理解地球作为生态系统的运作方式对于环境保护、可持续发展和人类的生存至关重要。

地球生态系统包括了地球上的所有生命和非生命因素，它们相互作用、相互影响，并共同维持着地球上的生命和生态平衡。在地球上，生物（包括微生物、植物、动物等）与非生物（包括岩石、土壤、水、大气等）相互作用并相互影响。这些相互作用包括能量流动、物质循环、生态链和食物网等复杂过程，它们构成了地球上生态系统的核心。

（1）物质循环平衡　地球上的物质，如碳、氮、水和矿物质等，通过生态过程在不同的层次上循环。例如，光合作用吸收二氧化碳（CO_2），将其转化为有机物质，然后通过食物链传递给其他生物，最终被分解为二氧化碳和水等。

（2）能量流动平衡　能量在地球生态系统中不断传递。太阳能被植物捕获，然后通过

食物链传递给其他生物，最终以热量的形式散失到宇宙中。这个能量流动支持了地球上所有生命的生长和维持。

（3）生态平衡　在健康的生态系统中，生物群落和环境之间存在一种相对的平衡，以维持生物多样性和资源可持续利用。这种平衡有助于维持生态系统的稳定性。

但是，随着人类社会的发展，产生了各种改造大自然的人类活动，如工业化、城市化、森林砍伐、化学污染和气候变化等，对地球生态系统产生了深远的影响，有些活动破坏了生态平衡，威胁到生态系统的稳定性。

二、碳排放和碳吸收的过程

自然界中的碳排放和碳吸收是地球生态系统中关键的碳循环过程，它们对地球的碳平衡和气候稳定起着重要作用。以下是一些主要的自然界碳排放和碳吸收的概念和过程。

1. 碳排放（Carbon Emissions）

碳排放指的是将碳元素（通常以二氧化碳的形式存在）从地下储存、生物体（如植物和动物）、燃烧化石燃料（如煤、石油和天然气）或其他碳储库释放到大气中的过程。人类活动，如工业、交通、农业、森林砍伐和土地利用变化，都可以导致大量碳排放。碳排放主要是指温室气体中的二氧化碳排放，它能够在大气中积累，导致地球气温上升，引发气候变化。

2. 碳吸收（Carbon Sequestration）

碳吸收是指将大气中的碳元素，尤其是二氧化碳，通过自然或人工过程储存到不同的碳储库中的过程。自然界中，植物通过光合作用将大气中的二氧化碳吸收，将其转化为有机碳，并将碳储存在植物体内、根系和土壤中。人工碳吸收方法包括碳捕获和储存（CCS）技术，通过将工业排放的二氧化碳捕获并储存在地下储层中，来减少碳排放。

主要的碳吸收过程包括光合作用：植物通过光合作用将大气中的二氧化碳吸收，并将其转化为有机碳，同时释放氧气，这是地球上最主要的碳吸收机制之一；生态系统固碳：陆地生态系统（如森林、湿地、草原）可以固定大量的碳，将其储存在植被、土壤和地下根系中；海洋吸收：海洋中的浮游植物通过光合作用吸收大气中的二氧化碳，将其转化为有机碳，并在海洋生态系统中固定碳，此外，海洋还吸收了大气中的一部分二氧化碳形成碳酸盐；岩石和矿物吸收：一部分碳被长期储存在地下的岩石和矿物中，这是一个长期的碳吸收过程。

总的来说，自然界中的碳排放和碳吸收过程相互作用，维持了一个相对平衡的碳循环，有助于控制大气中温室气体的浓度，并对地球气候产生影响。然而，人类活动，尤其是燃烧化石燃料和森林砍伐等，已经导致了过量的碳排放，加剧了全球气候变化问题。因此，减少人为碳排放，保护自然界的碳吸收机制变得至关重要。

三、“碳达峰、碳中和”的概念

“碳达峰、碳中和”通常被简称为“双碳”或“双碳”目标，是人类社会为了应对全球变暖和气候变化的挑战而提出的重要奋斗目标，旨在通过采取减排措施和发展清洁能源等可持续发展的方式，以减少人类活动对地球气候系统的不利影响，保护环境并维护生态平衡。目前，全球主要国家和地区都致力于实现“碳达峰、碳中和”，实现“双碳”目标已经成为全人类的共识。

碳达峰（Carbon Peaking）：指的是一个国家或地区在一定时间内，二氧化碳排放量达到历史最高值，然后经历平台期进入持续下降的过程。这意味着在达到峰值后，该国或地区的碳排放将不再持续增加，而会朝着减少的方向发展。“碳达峰”是二氧化碳排放量由增转降的历史拐点，标志着碳排放与经济发展实现脱钩，达峰目标包括达峰年份和峰值。

碳中和（Carbon Neutrality）：是指一个国家、地区或企业的净碳排放量为零，即其净排放的温室气体量等于其吸收的温室气体量。实现碳中和意味着将所有排放的温室气体量与通过各种手段吸收或抵消的气体量相抵消，以减少对全球气候的影响。

图 1-1 所示为一张碳达峰、碳中和示意图，柱状图部分代表的是主要年份下全球的碳排放和碳吸收的数值，碳排放的量用正数表示，碳吸收的量用负数表示；折线图部分是碳排放和碳吸收抵消之后的数值，称为净碳排放数值。从图中可以看出，2030 年净碳排放数值达到峰值，这就是所谓的“碳达峰”；在 2060 年，当碳排放和碳吸收的数值相等，相互抵消时，就实现了零碳排放，也就是“碳中和”。

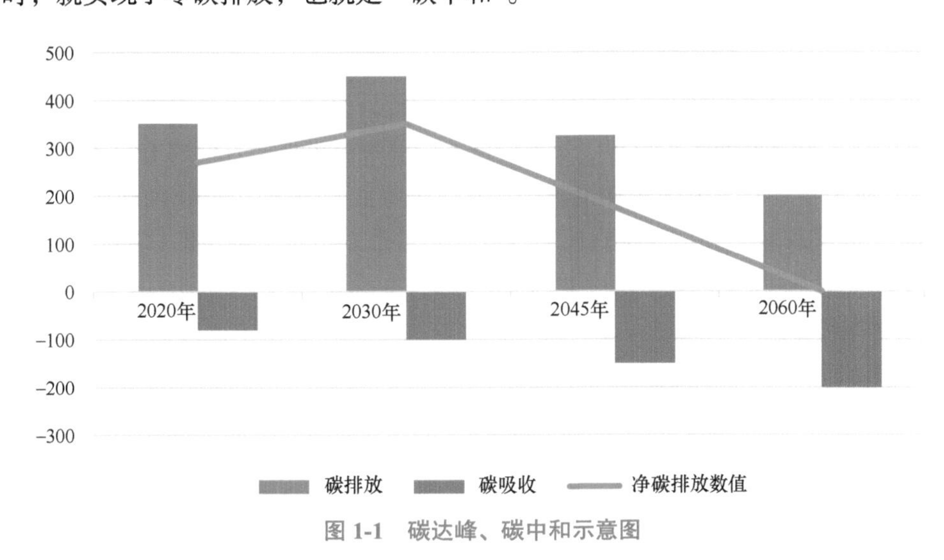

图 1-1　碳达峰、碳中和示意图

碳达峰是碳中和的基础和前提，两者相辅相成。碳排放峰值越低，实现碳中和的空间和灵活性越大，难度越小。

四、“双碳”目标在我国的提出

2020 年 9 月 22 日，中华人民共和国主席习近平在第七十五届联合国大会一般性辩论上发表重要讲话强调，“中国将提高国家自主贡献力度，采取更加有力的政策和措施，二氧化碳排放力争于 2030 年前达到峰值，努力争取 2060 年前实现碳中和。”这意味着世界上最大的发展中国家，将完成全球最高碳排放强度降幅，用全球历史上最短的时间实现碳达峰、碳中和。

中国实现碳达峰、碳中和是为了应对全球气候变化和保护生态环境，促进经济高质量发展，推动可持续发展，以及履行国际责任和承担全球领导责任。其具体体现在以下几个方面：

全球气候变化挑战：全球气候变化是当今世界面临的严峻挑战之一，极端天气事件频发、海平面上升、冰川融化等现象影响着全球生态系统。实现碳达峰、碳中和有助于减缓温室气体排放，为全球应对气候变化做出贡献。

经济转型与升级：碳达峰、碳中和是推动经济转型与升级的重要动力。通过推广清洁能源、发展低碳技术和绿色产业，中国能够实现能源结构优化、提高资源利用效率，推动经济向高质量、可持续方向发展。

能源安全与供给依赖：实现碳达峰、碳中和有助于降低对传统化石能源的依赖，增

强能源安全；发展可再生能源和清洁能源可以减少对进口能源的依赖，提高能源供给的稳定性。

社会稳定与人民福祉：空气污染、气候变化等环境问题影响着人们的健康和生活品质，实现碳达峰、碳中和可以改善环境质量，提高人们的生活水平和健康状况，增强社会稳定和民众幸福感。

国际责任与合作：中国在国际社会中承担着重要的责任，实现碳达峰、碳中和不仅符合中国的国家利益，也展现了中国积极应对气候变化的决心和贡献。

可持续发展目标：实现碳达峰、碳中和是中国积极推进可持续发展目标的具体举措。这一目标与中国的2030可持续发展议程及《巴黎协定》承诺紧密相连，是推动经济、社会、环境三大目标协调发展的重要方向。

因此，中国实现碳达峰、碳中和旨在推动生态文明建设、经济发展和社会进步的有机统一，为构建人类命运共同体、推动全球绿色低碳转型做出积极贡献。

国家主席习近平于2020年9月30日在联合国生物多样性峰会上通过视频发表重要讲话，再次强调了中国将秉持人类命运共同体理念，继续做出艰苦卓绝努力，提高国家自主贡献力度，采取更加有力的政策和措施，二氧化碳排放力争于2030年前达到峰值，努力争取2060年前实现碳中和，为实现应对气候变化《巴黎协定》确定的目标做出更大努力和贡献。

【扩展阅读】

实现“双碳”目标，不是别人让我们做，而是我们自己必须要做。习近平总书记相关部分重要论述：

我已经宣布，中国力争于2030年前二氧化碳排放达到峰值、2060年前实现碳中和。实现这个目标，中国需要付出极其艰巨的努力。我们认为，只要是对全人类有益的事情，中国就应该义不容辞地做，并且做好。中国正在制定行动方案并已开始采取具体措施，确保实现既定目标。中国这么做，是在用实际行动践行多边主义，为保护我们的共同家园、实现人类可持续发展作出贡献。

——2021年1月25日，习近平在世界经济论坛“达沃斯议程”对话会上的特别致辞

推进碳达峰碳中和是党中央经过深思熟虑作出的重大战略决策，是我们对国际社会的庄严承诺，也是推动经济结构转型升级、形成绿色低碳产业竞争优势，实现高质量发展的内在要求。

——2021年12月8日，习近平在中央经济工作会议上的讲话，文字出自《求是》2022/10期《打好碳达峰碳中和这场硬仗》

实现“双碳”目标，不是别人让我们做，而是我们自己必须要做。我国已进入新发展阶段，推进“双碳”工作是破解资源环境约束突出问题、实现可持续发展的迫切需要，是顺应技术进步趋势、推动经济结构转型升级的迫切需要，是满足人民群众日益增长的优美生态环境需求、促进人与自然和谐共生的迫切需要，是主动担当大国责任、推动构建人类命运共同体的迫切需要。

——2022年1月24日，习近平在中共中央政治局就努力实现碳达峰碳中和目标进行第三十六次集体学习时的讲话

实现碳达峰碳中和，不可能毕其功于一役。中国将破立并举、稳扎稳打，在推进新能源可靠替代过程中逐步有序减少传统能源，确保经济社会平稳发展。

——2023年11月16日出版《求是》第22期，习近平《推进生态文明建设需要处理好几个重大关系》

要加强党对“双碳”工作的领导，加强统筹协调，严格监督考核，推动形成工作合力。要实行党政同责，压实各方责任，将“双碳”工作相关指标纳入各地区经济社会发展综合评价体系，增加考核权重，加强指标约束。各级领导干部要加强对“双碳”基础知识、实现路径和工作要求的学习，做到真学、真懂、真会、真用。要把“双碳”工作作为干部教育培训体系重要内容，增强各级领导干部推动绿色低碳发展的本领。

——2022 年 1 月 24 日，习近平在十九届中央政治局第三十六次集体学习时的讲话

【课堂实践】

1. 绘制一幅思维导图，串联碳达峰与碳中和的定义及关系。

2. 观看“双碳”纪录片，以 3~4 人为 1 个小组讨论“双碳”目标对我国经济发展和社会生活的意义。

第二节

中国双碳工作 1+N 政策体系

【学习目标】

1. 了解中国“双碳”工作 1+N 政策体系的概念和内涵。

2. 了解顶层设计文件《中共中央 国务院关于完整准确全面贯彻新发展理念做好碳达峰碳中和工作的意见》和《2030 年前碳达峰行动方案》的主要内容。

【能力目标】

1. 培养政策分析能力，能够将国家“双碳”相关的政策应用于主要行业的发展状况分析。

2. 提升综合阅读能力和信息处理能力，增强对相关知识的理解和应用。

【素养目标】

1. 培养对国家环保政策的重视和支持意识，将节能减排的理念融入学生生活中。

2. 自觉投身于环境保护的各项活动中，带动影响周围的人加入节能减排工作。

【课堂知识】

一、一个顶层设计文件

《关于完整准确全面贯彻新发展理念做好碳达峰碳中和工作的意见》：

2021 年 10 月 24 日《中共中央 国务院关于完整准确全面贯彻新发展理念做好碳达峰碳中和工作的意见》（以下简称《意见》）发布。

《意见》指出，实现碳达峰、碳中和，是以习近平同志为核心的党中央统筹国内国际两个大局做出的重大战略决策，是着力解决资源环境约束突出问题、实现中华民族永续发展的必然选择，是构建人类命运共同体的庄严承诺。

2020 年 9 月 22 日，国家主席习近平在第七十五届联合国大会一般性辩论上宣布，中国二氧化碳排放力争于 2030 年前达到峰值，努力争取 2060 年前实现碳中和。

《意见》强调，以习近平新时代中国特色社会主义思想为指导，全面贯彻党的十九大和十九届二中、三中、四中、五中全会精神，深入贯彻习近平生态文明思想，立足新发

展阶段，贯彻新发展理念，构建新发展格局，坚持系统观念，处理好发展和减排、整体和局部、短期和中长期的关系，把碳达峰、碳中和纳入经济社会发展全局，以经济社会发展全面绿色转型为引领，以能源绿色低碳发展为关键，加快形成节约资源和保护环境的产业结构、生产方式、生活方式、空间格局，坚定不移走生态优先、绿色低碳的高质量发展道路。

《意见》明确实现碳达峰、碳中和目标，要坚持“全国统筹、节约优先、双轮驱动、内外畅通、防范风险”的工作原则；提出了构建绿色低碳循环发展经济体系、提升能源利用效率、提高非化石能源消费比重、降低二氧化碳排放水平、提升生态系统碳汇能力五方面主要目标，确保如期实现碳达峰、碳中和。

《意见》明确了碳达峰碳中和工作重点任务：一是推进经济社会发展全面绿色转型，二是深度调整产业结构，三是加快构建清洁低碳安全高效能源体系，四是加快推进低碳交通运输体系建设，五是提升城乡建设绿色低碳发展质量，六是加强绿色低碳重大科技攻关和推广应用，七是持续巩固提升碳汇能力，八是提高对外开放绿色低碳发展水平，九是健全法律法规标准和统计监测体系，十是完善政策机制。

《意见》强调，切实加强组织实施。加强党中央对碳达峰碳中和工作的集中统一领导，强化统筹协调，压实地方责任，严格监督考核。

（《中共中央 国务院关于完整准确全面贯彻新发展理念做好碳达峰碳中和工作的意见》：https：//www.mee.gov.cn/zcwj/zyygwj/202110/t20211024_957580.shtml）

《2030年前碳达峰行动方案》：

2021年10月，国务院印发《2030年前碳达峰行动方案》（以下简称《方案》）。《方案》围绕贯彻落实党中央、国务院关于碳达峰、碳中和的重大战略决策，按照《中共中央 国务院关于完整准确全面贯彻新发展理念做好碳达峰碳中和工作的意见》工作要求，聚焦2030年前碳达峰目标，对推进碳达峰工作作出总体部署。

《方案》以习近平新时代中国特色社会主义思想为指导，全面贯彻党的十九大和十九届二中、三中、四中、五中全会精神，深入贯彻习近平生态文明思想，立足新发展阶段，完整、准确、全面贯彻新发展理念，构建新发展格局，坚持系统观念，处理好发展和减排、整体和局部、短期和中长期的关系，统筹稳增长和调结构，把碳达峰、碳中和纳入经济社会发展全局，有力有序有效做好碳达峰工作，加快实现生产生活方式绿色变革，推动经济社会发展建立在资源高效利用和绿色低碳发展的基础之上，确保如期实现2030年前碳达峰目标。

《方案》强调，要坚持“总体部署、分类施策，系统推进、重点突破，双轮驱动、两手发力，稳妥有序、安全降碳”的工作原则，强化顶层设计和各方统筹，加强政策的系统性、协同性，更好发挥政府作用，充分发挥市场机制作用，坚持先立后破，以保障国家能源安全和经济发展为底线，推动能源低碳转型平稳过渡，稳妥有序、循序渐进推进碳达峰行动，确保安全降碳。

《方案》要求，将碳达峰贯穿于经济社会发展全过程和各方面，重点实施能源绿色低碳转型行动、节能降碳增效行动、工业领域碳达峰行动、城乡建设碳达峰行动、交通运输绿色低碳行动、循环经济助力降碳行动、绿色低碳科技创新行动、碳汇能力巩固提升行动、绿色低碳全民行动、各地区梯次有序碳达峰行动等“碳达峰十大行动”，并就开展国际合作和加强政策保障做出相应部署。

《方案》要求，要强化统筹协调，加强党中央对碳达峰、碳中和工作的集中统一领导，碳达峰碳中和工作领导小组对碳达峰相关工作进行整体部署和系统推进，领导小组办公室要加强统筹协调，督促将各项目标任务落实落细；要强化责任落实，着力抓好各项任务落实，确保政策到位、措施到位、成效到位；要严格监督考核，逐步建立系统完善的碳达峰碳中和综合评价考核制度，加强监督考核结果应用，对碳达峰工作成效突出的地区、单位和个人按规定给予表彰奖励，对未完成目标任务的地区、部门依规依法实行通报批评和约谈问责。

（《2030 年前碳达峰行动方案》文件：https：//www.gov.cn/zhengce/content/2021-10/26/content_5644984.htm）

二、N 项行业“双碳”政策

2021 年 10 月 24 日发布的《中共中央 国务院关于完整准确全面贯彻新发展理念做好碳达峰碳中和工作的意见》，作为“1”，就是纲举目张，在碳达峰、碳中和“1+N”政策体系中发挥统领作用；《意见》与同年 10 月 26 日国务院发布的《2030 年前碳达峰行动方案》共同构成贯穿碳达峰、碳中和两个阶段的顶层设计。“N”则包括能源、工业、交通运输、城乡建设等分领域分行业碳达峰实施方案，以及科技支撑、能源保障、碳汇能力、财政金融价格政策、标准计量体系、督察考核等保障方案。一系列文件将构建起目标明确、分工合理、措施有力、衔接有序的碳达峰碳中和政策体系。

双碳顶层设计文件设定了到 2025 年、2030 年、2060 年的主要目标，并首次提到 2060 年非化石能源消费比重目标要达到 80% 以上。

实现碳达峰、碳中和是一项多维、立体、系统的工程，涉及经济社会发展的方方面面。《中共中央 国务院关于完整准确全面贯彻新发展理念做好碳达峰碳中和工作的意见》坚持系统观念，提出 10 方面 31 项重点任务，明确了碳达峰、碳中和工作的路线图和施工图，《2030 年前碳达峰行动方案》确定了碳达峰十大行动。

在顶层设计出台之后，中央层面陆续有 N 政策出台，包括对重点领域行业的实施政策和各类支持保障政策。

除中央外，各省具体实施政策也属于 N 政策，以战略性指导文件、保障支撑文件、地方法规等形式出台。

1. 能源绿色低碳转型行动

2022 年 3 月 22 日《“十四五”现代能源体系规划》。

2022 年 3 月 23 日《氢能产业发展中长期规划（2021—2035 年）》。

《“十四五”现代能源体系规划》对大力发展非化石能源，加快推动能源绿色低碳转型，构建新型电力系统做了部署和规划。

《氢能产业发展中长期规划（2021—2035 年）》对氢能产业助力绿色低碳转型进行远景规划并提出一些阶段性目标。

……

案例：2021 年 12 月 30 日，世界最大的“超级充电宝”国网新源河北丰宁抽水蓄能电站开始投产发电。该电站紧邻京津冀负荷中心和冀北千万千瓦级新能源基地，是服务北京冬奥会实现 100% 绿电供应的重点工程。

丰宁抽水蓄能电站总装机规模为 360 万 kW，安装了 12 台单机容量为 30 万 kW 的机组。每年设计发电量为 66.12 亿 kW・h，抽水电量为 87.16 亿 kW・h。作为我国自主设计和建设的世界在建最大抽水蓄能电站，丰宁抽水蓄能电站建设创造了抽水蓄能电站四项“第一”，其中，包括装机容量世界第一和地下厂房规模世界第一。

同时，丰宁抽水蓄能电站建设实现了三个“首次”。首次实现抽水蓄能电站接入柔性直流电网，有效实现新能源多点汇集、风光储多能互补、时空互补、源网荷储协同，为破解新能源大规模开发利用难题提供了宝贵的“中国方案”；首次在国内采用大型变速抽水蓄能机组技术，与传统定速机组相比，具有水泵功率有效调节、运行效率更高、调度更灵活等优越性；首次系统性攻克复杂地质条件下超大型地下洞室群建造关键技术，为今后抽水蓄能大规模开发建设提供了技术保障和工程示范。

抽水蓄能是目前技术最为成熟的大容量储能方式，具有调峰、调频、调相、储能、系统备用和黑启动等功能，以及容量大、工况多、速度快、可靠性高、经济性好等技术、经济优势，在保障大电网安全、促进新能源消纳、提升全系统性能中发挥着基础作用，是能源互联网的重要组成部分，是推动能源转型发展的重要支撑。待全部机组投产后，一次蓄满可储存电量近 4000 万 kW • h。每年可节约标准煤 48 万 t，减少二氧化碳排放 120 万 t。

2. 节能降碳增效行动

2022 年 1 月 24 日《“十四五”节能减排综合工作方案》。

2022 年 2 月 3 日《高耗能行业重点领域节能降碳改造升级实施指南（2022 年版）》。

《“十四五”节能减排综合工作方案》提出了重点行业绿色升级等十大重点工程，明确了具体目标任务。

《高耗能行业重点领域节能降碳改造升级实施指南（2022 年版）》围绕炼油、水泥、钢铁、有色金属冶炼等 17 个行业，提出了节能降碳改造升级的工作方向和到 2025 年的具体目标。

……

案例：7 月 28 日，上海市人民政府网站发布《上海市碳达峰实施方案》，提出要确保上海在 2030 年前实现碳达峰。上海将大力发展非化石能源。到 2025 年，上海可再生能源占全社会用电量比重力争达到 36%。大力推进光伏大规模开发和高质量发展，坚持集中式与分布式并重，充分利用农业、园区、市政设施、公共机构、住宅等土地和场址资源，实施一批“光伏 +”工程。到 2025 年，光伏装机容量力争达到 400 万 kW；到 2030 年，光伏装机容量力争达到 700 万 kW。因地制宜推进陆上风电及分散式风电开发。到 2025 年，风电装机容量力争达到 260 万 kW；到 2030 年，风电装机容量力争达到 500 万 kW。

实施方案强调加快提升建筑能效水平。“十四五”期间，累计落实超低能耗建筑示范项目不少于 800 万 m^2。到 2025 年，五个新城、临港新片区、长三角生态绿色一体化发展示范区、崇明世界级生态岛等重点区域在开展规模化超低能耗建筑示范的基础上，全面执行超低能耗建筑标准。“十五五”期间，全市新建居住建筑执行超低能耗建筑标准的比例达到 50%，规模化推进新建公共建筑执行超低能耗建筑标准。到 2030 年，全市新建民用建筑全面执行超低能耗建筑标准。

在优化建筑用能结构方面，2022 年起新建公共建筑、居住建筑和工业厂房至少使用一种可再生能源。到 2025 年，城镇建筑可再生能源替代率达到 10%；到 2030 年，城镇建筑可再生能源替代率进一步提升到 15%。

上海将推进适宜的新建建筑安装光伏，自 2022 年起新建政府机关、学校、工业厂房等建筑屋顶安装光伏的面积比例不低于 50%，其他类型公共建筑屋顶安装光伏的面积比例不低于 30%。推动既有建筑安装光伏，到 2025 年，公共机构、工业厂房建筑屋顶光伏覆盖率达到 50% 以上；到 2030 年，实现应装尽装。

3. 工业领域碳达峰行动

2022 年 1 月 20 日《关于促进钢铁工业高质量发展的指导意见》。

2022 年 2 月 11 日《水泥行业节能降碳改造升级实施指南》。

2022 年 3 月 28 日《关于“十四五”推动石化化工行业高质量发展的指导意见》。

2022 年 4 月 12 日《关于化纤工业高质量发展的指导意见》。

2022 年 4 月 12 日《关于产业用纺织品行业高质量发展的指导意见》。

《关于促进钢铁工业高质量发展的指导意见》提出钢铁行业 2025 年阶段性目标和 2030 年达峰目标。

《水泥行业节能降碳改造升级实施指南》提出了水泥行业的工作方向，设定目标为，到 2025 年水泥行业实现能效标杆水平以上的熟料产能比例达到 30%。

《关于“十四五”推动石化化工行业高质量发展的指导意见》明确了石化化工行业碳达峰的阶段性目标，对创新发展、产业结构、产业布局、数字化转型、绿色安全五个方面都设定了具体量化目标。

《关于化纤工业高质量发展的指导意见》提出了一系列高质量发展的目标，部署五项重点任务，提出五个方面的保障措施。

《关于产业用纺织品行业高质量发展的指导意见》提出了产业用纺织品行业高质量发展的目标，部署五项重点任务、八个重点领域。

……

案例：河北省唐山市的钢铁企业——唐山钢铁集团有限责任公司是唐山市的龙头企业，其钢铁产量占全市的一半以上。然而，随着中国政府对环保和碳排放的限制越来越严格，唐山钢铁集团有限责任公司也面临着碳减排的压力。

为了实现碳达峰目标，唐山钢铁集团有限责任公司采取了一系列的措施。首先，公司对生产过程中的能源消耗进行了优化，减少了钢铁生产过程中的碳排放。其次，公司加强了废弃物回收和利用工作，提高了资源利用效率。同时，公司积极探索新的生产工艺，采用新型的冶炼技术和设备，进一步降低了碳排放。

除此之外，唐山钢铁集团有限责任公司积极推进清洁能源的使用。公司投资建设了余热回收系统和光伏发电系统，利用钢铁生产过程中产生的余热和太阳能资源为生产提供能源。此外，公司与专业机构合作，不断探索氢能等清洁能源的利用，以替代传统的化石能源，从而减少碳排放。

为了保证碳减排的持续性，唐山钢铁集团有限责任公司建立了碳排放监测和控制系统，对生产过程中的碳排放进行实时监测和调控。同时，公司积极开展碳交易市场和绿色金融等方面的探索和实践，通过市场化的手段推动碳减排工作。

通过以上措施的实施，唐山钢铁集团有限责任公司取得了显著的碳减排成效。公司碳排放强度比国际同类企业低 30% 以上，并且实现了持续盈利。公司的做法为其他钢铁企业提供了借鉴和参考，推动了中国工业领域碳达峰行动的深入开展。其经验表明，企业应该积极探索和实践碳减排措施，同时加强与政府、行业协会和科研机构的合作，共同推动中国工业领域的绿色低碳发展。

4. 城乡建设碳达峰行动

2021 年 10 月 21 日《关于推动城乡建设绿色发展的意见》。

2022 年 3 月 1 日《“十四五”住房和城乡建设科技发展规划》。

2022 年 3 月 11 日《“十四五”建筑节能与绿色建筑发展规划》。

2022 年 6 月 30 日《农业农村减排固碳实施方案》。

2022 年 7 月 13 日《城乡建设领域碳达峰实施方案》。

《关于推动城乡建设绿色发展的意见》是党中央、国务院站在全面建设社会主义现代化国家的战略高度作出的重大决策部署，是今后一个阶段推动城乡建设绿色发展的纲领性文件，对于转变城乡建设发展方式，把新发展理念贯彻落实到城乡建设的各个领域和环节，推动形成绿色发展方式和生活方式，满足人民群众日益增长的美好生活需要，建设美丽城市和美丽乡村具有十分重大的意义。

《“十四五”住房和城乡建设科技发展规划》明确，到 2025 年，住房和城乡建设领域科技创新能力大幅提升，科技创新体系进一步完善，科技对推动城乡建设绿色发展、实现碳达峰目标任务、建筑业转型升级的支撑带动作用显著增强。

《“十四五”建筑节能与绿色建筑发展规划》明确，到 2025 年，城镇新建建筑全面建

成绿色建筑，建筑能源利用效率稳步提升，建筑用能结构逐步优化，建筑能耗和碳排放增长趋势得到有效控制，基本形成绿色、低碳、循环的建设发展方式，为城乡建设领域2030年前碳达峰奠定坚实基础。

《农业农村减排固碳实施方案》提出，到2025年，农业农村减排固碳与粮食安全、乡村振兴、农业农村现代化统筹融合的格局基本形成，农业农村绿色低碳发展取得积极成效。到2030年，农业农村减排固碳与粮食安全、乡村振兴、农业农村现代化统筹推进的合力充分发挥，农业农村绿色低碳发展取得显著成效。

《城乡建设领域碳达峰实施方案》从建设绿色低碳城市、打造绿色低碳县城和乡村、强化保障措施、加强组织实施四方面对城乡建设领域碳达峰工作进行了安排部署。

……

案例：江苏省常州市武进区嘉泽镇位于常州市南部，是一个历史悠久的文化名镇，但随着城市化的进程，也面临着碳排放和环境问题。为了响应政府关于碳达峰的号召，嘉泽镇积极开展城乡建设碳达峰行动，并取得了一系列成果。

首先，嘉泽镇加强了城市规划，优化了城市空间布局。通过提高城市绿化率和城市环境质量，减少了城市热岛效应和空气污染。同时，嘉泽镇积极推广可再生能源和节能技术，在建筑领域大力推行绿色建筑和节能减排技术。

其次，嘉泽镇加强了农村建设碳达峰的推进工作。通过对农村住宅进行改造和升级，推广了农村沼气和太阳能等清洁能源的使用，减少了农村能源的浪费和污染。同时，嘉泽镇积极推进农村垃圾分类和资源化利用，推行生态农业和循环农业，减少了农业对环境的负面影响。

除此之外，嘉泽镇开展了一系列低碳宣传活动，增强了公众的环保意识、提高了公众的参与度。通过宣传教育、组织志愿者活动等形式，让更多的市民了解碳排放的重要性，并积极倡导低碳生活和消费观念。

通过以上措施的实施，嘉泽镇城乡建设碳达峰行动取得了显著的成效。据统计数据显示，嘉泽镇的碳排放强度比国内同类城市低30%以上，并且实现了持续降低。同时，嘉泽镇的城乡环境得到了显著改善，城市绿化率得到了提升，农村环境卫生也得到了有效治理。

嘉泽镇在城乡建设碳达峰行动中积极探索和实践低碳发展理念，通过优化城市规划、推广绿色建筑和节能技术、加强农村能源利用等措施的实施，实现了碳排放量的持续降低和城乡环境的改善。嘉泽镇的经验为其他地区提供了借鉴和参考，推动了中国城乡建设碳达峰行动的深入开展。

5. 交通运输绿色低碳行动

2022年6月24日，交通运输部、国家铁路局、中国民用航空局、国家邮政局贯彻落实《中共中央 国务院关于完整准确全面贯彻新发展理念做好碳达峰碳中和工作的意见》的实施意见印发。提出坚持“全国统筹、节约优先、双轮驱动、内外畅通、防范风险”的总方针，落实国家碳达峰碳中和工作部署要求，统筹处理好发展和减排、整体和局部、长远目标和短期目标、政府和市场的关系，以交通运输全面绿色低碳转型为引领，以提升交通运输装备能效利用水平为基础，以优化交通运输用能结构、提高交通运输组织效率为关键，加快形成绿色低碳交通运输方式，加快推进低碳交通运输体系建设，让交通更加环保、出行更加低碳，助力如期实现碳达峰碳中和目标，推动交通运输高质量发展。

……

案例：随着城市化进程的加速和交通工具的日益增多，北京市的交通问题日益严重。为了解决这些问题，北京市开始推行车联网平台，以实现交通运输的绿色低碳发展。

车联网平台采用了先进的物联网技术，通过在车辆上安装车载终端设备，收集车辆的位置、速度和行驶路线等信息，并将这些信息整合到云平台上。通过这些数据，政府可以准确地了解城市交通的运行状况，进而采取措施改善交通拥堵、提高道路安全性、优化公共交通服务等方面的问题。

除了数据收集和分析，车联网平台还可以提供智能导航、安全驾驶和车联网保险等服务。通过这些服务，驾驶人可以更加安全、准确地到达目的地，减少不必要的路程和拥堵，进而减少碳排放和对环境的影响。同时，车联网平台可以提供实时交通信息，鼓励公众使用公共交通、骑行、步行等低碳出行方式，减少私家车的使用和碳排放。

除此之外，北京市通过制定相关政策和标准，推广新能源汽车和智能充电设施等，来加快交通运输绿色低碳行动的步伐。同时，政府加强了对在用车辆的排放监管，推广节能减排技术，提高油品质量和在用车辆的排放水平等，来进一步推动交通运输绿色低碳行动的实施。

通过以上措施的实施，北京市的交通运输绿色低碳行动已经取得了一定的成效。相关数据显示，通过车联网平台和新能源汽车等措施的实施，北京市的交通碳排放量已经得到了有效控制，交通能源结构不断得到优化。同时，公众的环保意识和出行方式得到了进一步的提升和改变。

6. 循环经济助力降碳行动

2021 年 7 月 1 日《“十四五”循环经济发展规划》：

《“十四五”循环经济发展规划》提出了循环经济多项具体目标。

……

案例：中国科学院城市环境研究所和南开大学教授团队联合多位国际学者在《自然 - 气候变化》上发表了一项研究成果，指出中国的物质循环利用可以促进低碳发展，但实现深度脱碳还需要需求减少。

该团队开发了一种名为 IMAGINE Material 的物质 - 能源 - 碳排放集成模型，来探索大宗材料“闭路循环”的可行路径及其对 2060 年净零排放目标的潜在贡献。该研究首次量化了 13 种大宗材料在 103 种产品中的生产、使用、报废和再生的全生命周期代谢过程，并针对不同材料评估了三种循环经济策略的碳减排潜力。

该研究获得了以下成果：

循环经济策略应“因地制宜”：不同地区的碳减排潜力差异较大。在国家层面，2060 年废弃物的循环利用可满足 75% 的原材料需求。

循环经济策略应“均衡施策”：不同策略的碳减排潜力差异较大。循环利用的减碳潜力是有限的，提高废弃物的循环利用率可使 2019—2060 年累计碳排放量减少 10%。提高材料使用效率的碳减排潜力较大，可降低 21% 的累计碳排放。相比而言，延长材料使用寿命的碳减排潜力较小，仅为 3%，而延长材料使用寿命是 2050 年之后重要的碳减排策略。

循环经济策略应“一物一策”：不同材料的最优碳减排策略差异较大。提升废金属循环利用率的碳减排潜力最大，可减少高达 80% 的碳排放；对于非金属材料而言，提升材料的使用效率和延长使用寿命蕴含更大的减碳机遇。

总之，循环经济转型为我国实现净零排放带来了新机遇。如果生产侧的绿色低碳技术无法低成本大规模部署，循环经济转型就是重要的减碳替代方案。该研究分析了大宗材料的代谢过程，评估了不同材料和地区循环经济策略的减碳潜力，为我国工业部门碳减排战略和循环经济转型方案的制订提供了数据支持和科学依据。

7. 绿色低碳科技创新行动

2022 年 4 月 2 日，能源局和科技部印发了《“十四五”能源领域科技创新规划》。

2022 年 8 月 18 日，科技部等九部门联合发布《科技支撑碳达峰碳中和实施方案

（2022—2030 年）》。

……

案例：中国电建集团华东勘测设计研究院设计的世界最大海上柔直工程——江苏如东海上风电场柔性直流输电工程顺利投运，标志着我国在该领域实现零的突破并达到国际领先水平，为我国远海海上风电建设奠定了坚实技术基础。该项目从规划论证、技术攻关到项目建设经历了六年多的时间，填补了国内远海大规模海上风电输电技术空白。

该工程是在国家高技术研究发展计划的带动下，形成了海上风电场勘测设计核心技术，科技创新取得了重大成就和丰富经验，填补了海上风电领域多项技术空白。

中国电建集团华东勘测设计研究院发明的无过渡段单桩基础技术，因为施工速度快、投资省，目前已成为国内主流的风机基础形式，设计使用率超过 80%。中国电建提出的海上升压站技术，使我国海上风电技术摆脱了国外技术垄断，走上自主创新的道路，也使海上升压站降本成为可能。这些新技术的应用对我国海上风电平价时代降本增效起到积极推动作用。

随着海上风电开发程度的不断提高，风电场离岸距离越来越远，远距离海上输电成为海上风电项目开发的关键制约因素之一，柔性直流输电技术是解决问题的关键。自 2014 年起，中国电建集团华东勘测设计研究院便成立柔性直流工作团队，着手开展了海上风电柔性直流输电技术前期研究工作，将海上风电柔性直流输电技术作为重大课题启动研究工作，并纳入华东勘测设计院 201 深远海课题进入示范阶段，完成数十项科研及工程专题、专利、论文和自编软件等。这些都为我国海上柔直技术的研发提供了原始积累和技术储备。

8. 碳汇能力巩固提升行动

2021 年 12 月 31 日《林业碳汇项目审定和核证指南》。

2022 年 2 月 21 日《海洋碳汇经济价值核算方法》。

《林业碳汇项目审定和核证指南》《海洋碳汇经济价值核算方法》对林业和海洋碳汇的核算提供依据。

……

案例：河北省在“十三五”期间取得了显著的生态修复成果，通过实施矿山修复、营造林、草原修复等措施，提升了森林、草原、湿地等生态系统的碳汇能力，助力实现“碳达峰、碳中和”目标。

河北省积极推进固体矿山减少和绿色矿山建设，并大规模开展矿山修复治理，超额完成了“十三五”目标任务。同时，河北省积极推进渤海综合治理攻坚行动，修复岸线和滨海湿地，改善了海洋生态环境、提升了海洋碳汇能力。森林作为重要的经济和环境资产，具有产生经济价值和固定二氧化碳的作用。河北省在“十三五”期间完成了大量营造林任务，提高了森林覆盖率和森林蓄积量，从而提升了森林碳汇能力。

在“十四五”期间，河北省将以提升生态系统碳汇能力为重点，强化国土空间规划和用途管控，严格保护各类重要生态系统，并大力提升森林碳汇能力。通过实施太行山燕山绿化、坝上地区植树造林、京津风沙源治理等重点工程，增加森林生态空间和优化树种结构，并加强天然林全面保护修复，增加森林蓄积量。

此外，河北省将统筹推进国土空间生态保护修复，持续推进矿产资源合理开发，开展矿山综合治理，并加强海洋生态修复。通过实施退化草原人工种草、巩固退化草原生态恢复成果等措施，稳定草原综合植被盖度，加强河口海湾整治修复，挖掘海洋碳汇潜力。

河北省在生态修复和提升碳汇能力方面做出了积极努力，为实现“碳达峰、碳中和”目标奠定了坚实基础。

9. 绿色低碳全民行动

2022 年 5 月 7 日《加强碳达峰碳中和高等教育人才培养体系建设工作方案》:

《加强碳达峰碳中和高等教育人才培养体系建设工作方案》强调了加强绿色低碳教育、打造高水平科技攻关平台、加快紧缺人才培养等九项重点任务。

10. 各地区梯次有序碳达峰行动

各省具体实施政策也属于 N 政策，以战略性指导文件、保障支撑文件、地方法规等形式出台。

案例：近年来，许多城市都在积极推动“绿色出行”理念，鼓励市民使用自行车来代替汽车出行。成都市被誉为“天府之国”，是一座拥有悠久历史和丰富文化遗产的城市。然而，过去的成都市道路交通拥堵严重，空气污染问题也日益突出。为了改善城市环境，成都市决定推行一项名为“绿色出行，低碳生活”的行动计划，鼓励市民使用自行车和公共交通工具。

在这个计划中，成都市在城市道路和公园中建立了广泛的自行车道网络，为市民提供了方便快捷的骑行环境。同时，政府推出了一系列的鼓励措施，例如为骑自行车出行的市民提供积分兑换奖励，为自行车骑行提供专门的停车位等。

这个行动计划实施以来，收到了良好的效果。市民们普遍认为，骑自行车出行不仅有益健康，还能减少空气污染，同时降低交通拥堵。据成都市交通管理部门统计，自从计划实施以来，每日选择自行车出行的市民数量增加了 30% 以上，而城市空气质量也得到了明显改善。

通过政府引导和市民的积极参与，我们可以实现绿色低碳的生活方式。自行车的使用不仅方便快捷，而且环保节能，可以为城市带来多方面的益处。相信在未来，会有更多的城市加入“绿色出行”的行动。此外，我们也看到了公众对于环境保护的巨大潜力。只有当大家都积极参与到环境保护中，我们才能实现真正的绿色低碳发展。这也正是政府积极倡导的：绿色低碳全民行动，每个人都是行动者，每个人都可以为我们的地球做出贡献。通过创新理念和全民参与，可以实现经济发展与环境保护的双赢，为后代留下一个更加美好的世界。

11. 保障政策

有三个国家层面的相关碳达峰碳中和保障支持政策。

2022 年 3 月 15 日《关于做好 2022 年企业温室气体排放报告管理相关重点工作的通知》。

2022 年 5 月 31 日《支持绿色发展税费优惠政策指引》。

2022 年 5 月 31 日《财政支持做好碳达峰碳中和工作的意见》。

《关于做好 2022 年企业温室气体排放报告管理相关重点工作的通知》要求加强企业温室气体排放数据管理工作，强化数据质量监督管理。

《支持绿色发展税费优惠政策指引》规定为助力经济社会发展全面绿色转型，实施可持续发展战略，国家从支持环境保护、促进节能环保、鼓励资源综合利用、推动低碳产业发展四个方面，实施了 56 项支持绿色发展的税费优惠政策。

《财政支持做好碳达峰碳中和工作的意见》提出坚持降碳、减污、扩绿、增长协同推进，积极构建有利于促进资源高效利用和绿色低碳发展的财税政策体系，推动有为政府和有效市场更好结合，支持如期实现碳达峰碳中和目标。

收集我国 N 项行业“双碳”政策详细案例，以 3~4 人为 1 个小组制作案例分析汇报。

第三节

实现“双碳”目标会带来什么变化

【学习目标】

1. 理解实施“双碳”治理带来的能源结构调整和产业结构调整的概念和意义。
2. 了解实施“双碳”目标带来的新的发展机会和新的生活方式。

【能力目标】

1. 能够分析和总结实施“双碳”工作对能源结构和产业结构的影响。
2. 能够探究和预测实施“双碳”工作带来的新的发展机会和新的生活方式。

【素养目标】

1. 培养创新思维、社会责任感和可持续发展意识，积极拥抱新的能源形态和生产方式。
2. 提高未来洞察力，增强对环境、产业和经济等各方面发展趋势的理解及应对能力。

【课堂知识】

一、能源结构调整

中国的油气资源相对匮乏，对外依存度较高。截至2024年第一季度，我国原油的进口依存度达到72%，天然气进口依存度达到42%。其中，83%的石油通过海运进口，81%的石油必须经过马六甲海峡，这里的稳定就严重影响着中国的能源安全。

因此，推进能源结构从化石燃料向可再生能源的转化，必然有利于提升国家能源安全性和独立性。

过去在化石能源时代，中国是“两头在外”，处在微笑曲线的中端，制造业赚的都是辛苦钱，在全世界关键的行业都没有行业标准的制定权和定价权，但新能源时代发生了改变。截至2024年2月，中国在清洁能源上具有全球领先的优势，水电、风电、光伏发电累计装机规模均居世界首位。

随着新能源逐步替代化石能源，国际竞争的焦点将逐渐转移到低碳技术价值链的控制上。除了能源系统革命外，实现碳中和更需要重大领域的科技突破，这会涉及交通、建筑、工业、农业、生物科技、信息通信技术、人工智能等领域。尽快布局碳中和技术、抢占标准话语权，将有助于中国在世界竞争中尽快赢得市场主动权。

按照中国实现碳中和的目标规划，到 2060 年，我国清洁能源供应量能够满足 90% 的一次能源需求，能源自给率提升至接近 100%。

在多年发展双碳治理中，我国大力推进节能减排和资源集约循环利用，建立并完善能耗双控制度，强化重点用能单位管理，引导重点行业、企业节能改造，开展绿色生活创建行动，大力发展循环经济，实施园区循环化改造，构建废旧物资循环利用体系，积极推进水资源节约、污水资源化利用和海水淡化，推动我国能源资源利用效率大幅提升。据国家能源局统计，截至 2023 年底，非化石能源发电装机超过 15 亿 kW，历史性超过火电。清洁能源发电量约 3.8 万亿 kW • h，占总发电量将近 40%，比 2013 年提高了约 15 个百分点。十年来，中国全社会用电增量中，有一半以上是新增清洁能源发电，中国能源的绿色含量不断提升。截至 2023 年 12 月，我国可再生能源装机规模已突破 11 亿 kW，水电、风电、太阳能发电、生物质发电装机均居世界第一。

二、产业结构调整

“双碳”目标的实现需要准确把握我国产业结构调整的方向。一是要加快形成清洁能源产业链群集，培育经济增长新动力源；二是采取切实可行的措施推动工业部门脱碳减排，构建绿色低碳工业体系；三是大力发展数字经济等战略新兴产业，以数字化手段减少碳排放。

在发展“双碳”治理的数年来，我国深入推进供给侧结构性改革，淘汰落后产能、化解过剩产能，退出过剩钢铁产能 1.5 亿 t 以上、取缔地条钢 1.4 亿 t；大力发展战略性新兴产业，促进新产业、新业态、新模式蓬勃发展。2023 年，高技术制造业占规模以上工业增加值比重达到 15.7%，装备制造业占比达 33.6%。制造业数字化转型持续推进，重点工业企业数字化研发设计工具普及率达 80.1%、关键工序数控化率达 62.9%。人工智能正深层次赋能新型工业化，培育 421 家国家智能制造示范工厂。绿色制造加快推进，“十四五”前两年，规模以上工业单位增加值能耗累计下降 6.8%。2021—2023 年，万元工业增加值用水量下降 20.3%。2023 年大宗工业固废综合利用量约 22 亿 t，利用率达到 54%。

三、新的发展机会

能源结构调整、产业结构调整会带来新的行业发展机遇。随着产业变革的推进，落后产能逐步退出，污染严重的碳密集型产业将不复存在，低碳产业得到蓬勃发展；随后，大量投资从化石燃料密集型资产转向可再生能源相关资产，技术创新投资比重提升，可再生能源行业就业机会大量涌现。预计到 2050 年，中国可再生能源行业就业人数将超过 1000 万。除了创造经济新动能，绿色战略对就业也是一大利好。到 2060 年实现碳中和，可累计创造 1 亿个就业岗位。对有着丰富的可再生能源的中国西部地区来说，也是一次巨大的发展机遇，未来产业区域分布格局可能发生变化，甚至重塑中国经济版图。

除了国家战略意义和经济效益，实现“双碳”目标也会带来巨大的环境效益和人民健康效益。到 2060 年，二氧化硫、氮氧化物、细颗粒物将分别减排 91%、85%、90%，这意味着可以避免因室内和室外空气污染、气候变化、极端天气造成的 2000 万例死亡，累计减少污染相关疾病 9600 万例。

四、新的生活方式

地面交通：交通产业整体重构，所有的燃油汽车将全部退出，道路上的汽车 100% 都为新能源汽车。

智慧交通：自动驾驶、智慧交通全面普及，城市道路不再拥挤，交通效率达到最优。

航空航运：全面使用氢能和生物质能，替代现有化石燃料。

空气质量：空气质量显著改善，雾霾不再肆虐。

植被覆盖：森林碳汇大幅提升，森林覆盖率最大可达到 28%。

环保制度：环保政策趋于更为严格，企业环保合规成本高。

生物多样性：城市生物多样性提升，人与自然和谐相处。

【课堂实践】

收集、梳理我国进行“双碳”治理以来，各行各业以及生活上的重要变化。

第二章

“双碳”国际合作现状

【本章导读】

本章介绍了“双碳”国际合作现状。我们将学习人们开展全球性应对气候变化所经历的历程和所取得的成果，从最初的《联合国气候变化框架公约》到《京都议定书》《巴厘路线图》再到《巴黎协定》，了解全球应对气候变化取得的一系列里程碑，并进一步理解“碳达峰、碳中和”的概念及各国努力实现这些目标所取得的重大进展。

为了应对全球气候变化的挑战，各国不断加强合作，形成了一致应对的声音。《联合国气候变化框架公约》是全球应对气候变化的基本法律文件，旨在推动所有缔约方在气候政策方面的努力与行动。随后出台的《京都议定书》《巴厘路线图》以及于2015年通过的《巴黎协定》，均进一步加强了全球应对气候变化的合作。

自2020年以来，越来越多的国家宣布实现碳中和的目标，意味着将在未来的某个时间点达到净零排放。同时，在实现碳中和的前提下，许多国家还设定了具体的“碳达峰”年份。

为了实现这些目标，“双碳”各国采取了一系列行动。与传统的能源模式相比，清洁能源已成为最主要的节能方式之一，并在全球范围内大规模推广。在国际贸易方面，人们不断拓展合作领域，并加强创新和知识共享，以便更好地应对气候变化对全球经济的影响。

本章展示了全球共同致力于应对气候变化的过程与成果。本章梳理了从《联合国气候变化框架公约》《京都议定书》《巴厘路线图》《巴黎协定》的框架共识，到气候、能源、减排、经济、贸易等各个领域的深化合作，整理了国际各国针对本国国情所制订的碳达峰目标及所做的努力。我们需要持续努力推进全球碳中和目标的实现，分享技术、数据及经验，以建立共享、可持续的低碳经济，留给人们一个更美好的地球未来。

【开篇故事】

我叫李明，是一名环保工程师。2060年，地球的气候已经发生了翻天覆地的变化。几十年来，我亲眼看见了人类为实现碳中和所做出的种种努力和牺牲。站在办公楼的窗前，看着窗外绿树环绕的城市建筑，我不禁回想起读书时候的日子。

2024年，当时的我还是一名高职在校学生。那个时代的生活看似与环保、碳中和相隔甚远，我每天的世界围绕着考试、社交和娱乐，仿佛碳排放和气候变化只是电视新闻里的一个话题，和我的日常生活毫无关系。清晰地记得，在学校里，有一门名叫“未来的能源与环境”的课程，当时的我对这门课毫无兴趣，只想着考试及格就行，从未思考过它对未来的深远影响。

转折点出现在我看了一篇关于全球变暖的深度报道。那篇文章讲述了温室效应、冰川融化以及海平面上升的惊人速度。文章中描绘的场景震撼了我，我忽然意识到，这些看似遥远的灾难，正悄然逼近我们每个人的生活。从那一刻起，我开始利用课余时间自主学习与碳中和相关的知识。太阳能、风能、地热能，这些以前我只觉得是科幻小说中的技术，逐渐成为我心中的希望和动力。为了将自己学到的知识付诸实践，我在学校里组织了几次植树活动，还发起了一个环保社团。虽然起初参与的同学并不多，但随着大家对气候变化的关注度增加，我们的队伍逐渐壮大。我们开始推广低碳生活方式，鼓励大家减少日常生活中的碳排放，甚至影响了学校的能源消耗政策。这一切，都是我曾经不敢想象的。

2060年的我，已经是一名专注于清洁能源项目的环保工程师。每天与风力发电塔、太阳能板以及最新的碳捕捉技术打交道，我深知这些技术对于实现碳中和的重要性。我们设计、监控、优化着一个个庞大的工程，确保全球的碳排放持续下降。此刻，我真切地感受到，我们终于逐步走向了一个可持续的未来。看着那些曾经只在书本里看到的技术成为现实，我感慨万千。正如我现在的工作，每一棵树、每一种清洁能源，都是我们为保护地球迈出的一小步。

我常对自己说：“李明，你要继续努力，不仅是为了自己，更是为了那些还未意识到环保重要性的人们。你要鼓舞更多人一起参与到这个伟大的事业中，为地球的未来贡献自己的力量。”这是我的承诺，也是我每天奋斗的动力。未来还在前方，而我，正迈步走在守护它的路上。

【思维导图】

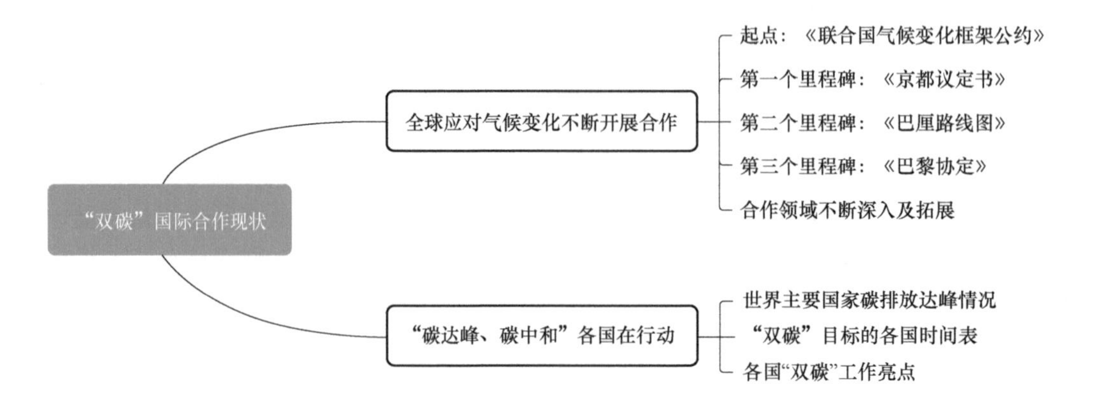

第一节

全球应对气候变化不断开展合作

【学习目标】

1. 了解《联合国气候变化框架公约》《京都议定书》《巴厘路线图》《巴黎协定》的相关内容。

2. 理解全球需要共同应对气候问题的紧迫性和必要性。

3. 加强对全球气候问题的关注与理解。

【能力目标】

1. 培养学生收集资料、分析素材、自主学习的能力，学会辨析全球携手应对气候变化合作里程碑事件的具体内容及时代意义。

2. 能够分析各国应对气候变化所做出的努力及存在的不足。

【素养目标】

1. 学会从全球化视角看待问题，理解当前气候变化和实现“双碳”目标的国际形势。

2. 通过学习加深对不同文化背景下的“碳中和、碳达峰”行动的理解，提高文化自觉性和全球价值观。

【课堂知识】

不断加剧的气候变化对人类福祉和地球健康都构成了越来越严重的威胁。联合国政府间气候变化专门委员会发布的《2022 气候变化：减缓气候变化》报告揭示，全球年均温室气体排放量在 2010—2019 年间处于历史最高水平。若以世界各国迄今做出的减排承诺来考量，预计到 21 世纪末全球升温的中位数将达到 3.2℃。迄今仍没有使全球变暖迅速停止的任何减排举措，而温室气体的排放仍在持续攀升。如此一来，就像节能减排一样，适应气候变化的必要性已变得毋庸置疑。

由于各国所处的地理位置不同、自然禀赋各异，不同国家的气候脆弱性及受气候影响的程度也不尽相同。处于气候变化第一线、深受其害的特别脆弱国家，主要是对全球温室气体排放所负责任最小的最不发达国家和小岛屿发展中国家，它们有的已被不间断的气候灾难无情推到了“悬崖”边上。非洲一些国家仍深陷罕见的气候灾害的“泥潭”无法自拔。据联合国人道主义事务协调厅2022年年底的统计数字，仅非洲之角就有约3600万人需要人道主义援助。特别脆弱的国家已经没有能力和资源招架气候恶变的沉重打击。据《华盛顿邮报》报道，2021年逾40%的美国人所生活的县蒙受过气候灾难。美国在2022年共发生了15起损失超过10亿美元的天气、气候灾害事件。就在圣诞节期间，美国许多州都受到了暴风雪的袭击。其中，纽约州遭遇了该地区几十年来最致命的暴雪。2005年8月，灾难性的卡特里娜飓风袭击了美国东南部几个州，致使1800多人遇难，5000余人受伤，经济损失逾1600亿美元，包括联合国、欧盟、中国在内的数十个国际组织、国家和地区都立即动员起来向美国提供了紧急支持。

不可遏制的全球变暖预示了世界各地的各种极端天气事件将变得愈加频繁、严重、令人震惊。更酷热的天气、更疯狂的野火、更严重的水资源匮缺、更凶猛的风暴和洪灾等将会叠加来袭。这就不难理解，联合国环境规划署2021年推出的第六份适应差距报告为什么冠名为“风暴正在聚集”。这份报告令人信服地揭示，气候变化影响增大的速度远远超过了我们适应气候变化的努力。

不断上演的各种极端天气事件让世界充满了风险和不确定性。所有国家都已受到并将继续受到气候危机的更大钳制。凡此种种，既是全球合作遏制气候变化不力的表现，也是其结果。各国共同面临的巨大危机理应化作一股合力，大力增进国际合作。

一、起点：《联合国气候变化框架公约》

《联合国气候变化框架公约》（UNFCCC）是国际社会应对全球气候变化问题的一个全球性的基本框架，它是世界上第一个为全面控制二氧化碳等温室气体排放，以应对全球气候变暖给人类经济和社会带来不利影响的国际公约。

在19世纪80年代末，关于人类对气候潜在影响的起因和程度已得出基本科学结论，这迫使国际社会必须采取措施应对气候危机。随着联合国政府间气候变化专门委员会（IPCC）第一份报告的公布和1990年10月在维也纳召开第二次世界气候大会，敦促国际行动展开的动力已经形成。同年12月，联合国大会创建了政府间谈判委员会（INC），其工作致力于在大会中进行协商，这为全球行动做了组织上的准备。INC以作为全球首脑会议著称，每5年召开一次会议，在联合国环境和发展会议召开前负责完成条款的采纳。《联合国气候变化框架公约》条款在1992年5月9日被采纳，并在随后的首脑会议对各国开放签字。

根据国际环境组织指引评价，大多数人对公约是大失所望的，其包括对应遵守稳定值的目标的努力，但不提及减排安排，会议只留下了对稳定性目标的不明确许诺。另外，其他缺点还包括：没有包含一个保障基金和技术转换机制，市场机制（如排放量信用）的缺失和强加于发展中国家的义务等。

然而，基于对各方分歧利益的考虑，公约本身就是一个显著的成就，它明确地将气候变化视为一种威胁和为稳定温室气体浓度设定了长期的目标——处于防止危险的人为干涉气候系统的水平。召开缔约国大会的过程是公约的一个关键特征，因为它引导着与排放量有关的信息的收集上、不确定性的减少上和朝着国际标准的工作上的进步。随后，国际上逐渐认识到公约需要被充实，便引导其向后期《京都议定书》（Kyoto Protocol）协商发展。

虽然公约还有所欠缺，但它不仅开创了一个新的国际法领域，构建了应对气候变化问题的国际合作的基本框架，而且在国际环境法的立法方式、调整手段、具体的法律原则和制度等方面都有一定程度的突破，由此推动了气候环境保护的进程和层级发展，是气候环

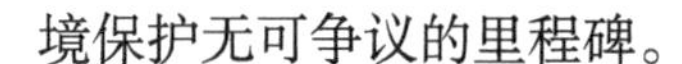

境保护无可争议的里程碑。

二、第一个里程碑：《京都议定书》

为了人类免受气候变暖的威胁，1997 年 12 月，《联合国气候变化框架公约》第 3 次缔约方大会在日本京都召开。149 个国家和地区的代表通过了旨在限制发达国家温室气体排放量以抑制全球变暖的《京都议定书》。《京都议定书》规定，到 2010 年，所有发达国家二氧化碳等六种温室气体的排放量比 1990 年减少 5.2%。具体说，各发达国家从 2008—2012 年必须完成的削减目标是：与 1990 年相比，欧盟削减 8%、美国削减 7%、日本削减 6%、加拿大削减 6%、东欧各国削减 5% ~8%，新西兰、俄罗斯和乌克兰可将排放量稳定在 1990 年水平上。议定书同时允许爱尔兰、澳大利亚和挪威的排放量比 1990 年分别增加 10%、8%和 1%。联合国气候变化会议就温室气体减排目标达成共识，澳大利亚承诺 2050 年前温室气体减排 60%。

《京都议定书》需要占 1990 年全球温室气体排放量 55%以上的至少 55 个国家和地区批准之后，才能成为具有法律约束力的国际公约。中国于 1998 年 5 月签署并于 2002 年 8 月核准了该议定书。欧盟及其成员国于 2002 年 5 月 31 日正式批准了《京都议定书》。目前，已有 170 多个国家批准加入了该议定书。2007 年 12 月，澳大利亚签署《京都议定书》，至此世界主要工业发达国家中只有美国没有签署《京都议定书》。

截至 2004 年，主要工业发达国家的温室气体排放量在 1990 年的基础上平均减少了 3.3%，但世界上最大的温室气体排放国——美国的排放量比 1990 年上升了 15.8%。2001 年，美国总统布什刚开始第一任期就宣布美国退出《京都议定书》，理由是议定书对美国经济发展带来过重负担。

2007 年 3 月，欧盟各成员国领导人一致同意，单方面承诺到 2020 年将欧盟温室气体排放量在 1990 年的基础上至少减少 20%。2009 年 7 月，八国集团领导人表示，愿与其他国家一起到 2050 年使全球温室气体排放量至少减半，并且发达国家排放总量届时应减少 80%以上。经济大国能源安全和气候变化论坛领导人会议发表宣言，强调将全力应对气候变化带来的挑战。欧盟峰会就能源气候一揽子计划达成一致，欧盟制订加强中长期能源安全方针，英国公布确定二氧化碳减排目标法案草案，日本确定温室气体减排中期目标。

2012 年之后如何进一步降低温室气体的排放，即所谓“后京都”问题是在内罗毕举行的《京都议定书》第 2 次缔约方会议上的主要议题。2007 年 12 月 15 日，联合国气候变化大会制定了《巴厘路线图》（Bali Roadmap）。《巴厘路线图》为 2009 年前应对气候变化谈判的关键议题确立了明确议程。

《京都议定书》建立了旨在减排温室气体的三个灵活合作机制——国际排放贸易机制、联合履行机制和清洁发展机制。以清洁发展机制为例，它允许工业化国家的投资者从其在发展中国家实施的、有利于发展中国家可持续发展的减排项目中获取“经证明的减少排放量”。我国是实现《京都议定书》清洁发展机制减排量最多的国家。

2005 年 2 月 16 日，《京都议定书》正式生效。这是人类历史上首次以法规的形式限制温室气体排放，如图 2-1 所示。

为了促进各国完成温室气体减排目标，《京都议定书》允许采取以下四种减排方式：

1）两个发达国家之间可以进行排放额度买卖的“排放权交易”，即难以完成削减任务的国家，可以花钱从超额完成任务的国家买进超出的额度。

2）以“净排放量”计算温室气体排放量，即从本国实际排放量中扣除森林所吸收的二氧化碳的数量。

图 2-1 京都议定书倡导的内容

3）可以采用绿色开发机制，促使发达国家和发展中国家共同减排温室气体。

4）可以采用“集团方式”，即欧盟内部的许多国家可视为一个整体，采取有的国家削减、有的国家增加的方法，在总体上完成减排任务。

（《京都议定书》内容资源：https：//unfccc.int/resource/docs/convkp/kpchinese. pdf）

三、第二个里程碑:《巴厘路线图》

1992 年，联合国环境与发展大会通过了《联合国气候变化框架公约》，这是世界上第一个关于控制温室气体排放、遏制全球变暖的国际公约。在 1997 年的《联合国气候变化框架公约》第三次缔约方大会上，缔约方在日本京都通过了《京都议定书》，对减排温室气体的种类、主要发达国家的减排时间表和额度等做出了具体规定。作为 2007 年联合国气候大会最重要的决议,《巴厘路线图》确定了世界各国加强落实《联合国气候变化框架公约》的具体领域，为进一步落实《联合国气候变化框架公约》指明方向。

《巴厘路线图》总的方向是强调加强国际长期合作，提升履行气候公约的行动，从而在全球范围内减少温室气体排放，以实现气候公约制定的目标。为此，会议决定立刻启动一个全面谈判进程，以充分、有效和可持续地履行气候公约。这一谈判进程要依照气候公约业已确定的原则，特别是“共同但有区别的责任和各自能力”的原则，综合考虑社会、经济条件以及其他相关因素。

《巴厘路线图》中的重中之重是《巴厘行动计划》，其主要包括四个方面的内容，即减缓、适应、技术和资金。其中，减缓主要包括发达国家的减排承诺与发展中国家的国内减排行动。

气候公约发达国家缔约方要依据其不同的国情，承担可测量的、可报告的和可核证的与其国情相符的温室气体减排承诺或行动，包括量化的温室气体减、限排目标，同时要确保发达国家间减排努力的可比性。实际上这主要是为美国量身定做的条款，因为其他发达国家都是《京都议定书》缔约方，它们未来承担温室气体减、限排的量化目标，已经由《京都议定书》特设工作组在谈判。

发展中国家要在可持续发展框架下，在发达国家履行向发展中国家提供足够的技术、资金和能力建设支持的前提下，采取适当的国内减缓行动。发达国家的支持和发展中国家的减缓行动均应是可测量、可报告和可核证的。而且，上述所谓“足够”，是指要达到发展中国家能够采取可测量、可报告和可核证的国内减缓行动的程度。

《巴厘行动计划》要求加强国际合作，执行气候变化适应行动，包括气候变化影响和脆弱性评估，帮助发展中国家加强适应气候变化能力建设，为发展中国家提供技术和资金，灾害和风险分析、管理，以及减灾行动等；要求加强减缓温室气体排放和适应气候变化的技术研发和转让，包括消除技术转让的障碍、建立有效的技术研发和转让机制，加强技术推广应用的途径、合作研发新的技术等；要求为减排温室气体、适应气候变化及技术转让提供资金和融资；要求发达国家提供充足的、可预测的、可持续的新的和额外的资金资源，帮助发展中国家参与应对气候变化的行动。《巴厘路线图》为下一步气候变化谈判设定了原则内容和时间表。

四、第三个里程碑:《巴黎协定》

2015 年 12 月，第 21 届联合国气候变化大会正式通过了《巴黎协定》，并于 2016 年 11 月 4 日正式实施。这份由全世界 178 个缔约方共同签署的协定为全球气候治理提供了新的框架。该协定第 6 条被视为实现《联合国气候变化框架公约》目标的重大进步，其中，第 2 款和第 4 款继承并发展了《京都议定书》的国际碳交易机制，奠定了各国在《巴黎协定》下基于碳交易促进全球减排合作的基本政策框架，并为碳交易的全球协同提供了新的制度安排。

与《京都议定书》不同，《巴黎协定》制度采纳“自下而上”的自我限制模式，要求各国（包括发达国家和发展中国家）根据各自能力确认并提出国家自主贡献（NDC）。《巴黎协定》第 6 条第 2 款规定，各国实际排放量低于 NDC 的部分，构成国际转让减缓成果（ITMO），可以在国家间进行交易，帮助其他国家履行 NDC 承诺。可以说，这是一个以 ITMO 为标的、以国家为主体的交易机制。

同时，《巴黎协定》第 6 条第 4 款约定了第二种以碳信用为标的、由非国家主体参与的交易机制——可持续发展机制（Sustainable Development Mechanism，SDM）。SDM 在基准线、核查、注册与签发等要素上与 CDM 框架基本一致，是对《京都议定书》CDM 的继承与发展，实现了对 JI 和 CDM 的整合，有助于推动建立以碳信用作为交易对象的全球碳市场。一个关键的不同之处在于，《京都议定书》没有为 CDM 卖方所在的发展中国家设定减排目标，而在《巴黎协定》下，SDM 买卖双方都将受到所在国家减排总体目标的约束。

2021 年 11 月，COP26 基本敲定了《巴黎协定》第 6 条旨在保障碳信用产生额外效益和避免重复计算减排结果的实施细则。接下来的几次气候变化大会负责继续讨论剩余细节，预计 2030 年前完成机制搭建。新的国际碳交易机制和规则主要包括以下几个方面的内容：

一是避免碳减排的双重核算问题。所谓双重核算，是指一国将其产生的减排当量计入自身 NDC 的同时，又将同一减排成果转让给他国，并纳入他国 NDC，从而导致同一减排被计算两次。COP26 要求各国自行决定是将减排信用额度出售给其他国家，还是计入本国的 NDC 中。如将其出售，卖方国家将在其国家统计中增加一个排放单位，买方国家则相应扣除一个排放单位，以确保国家之间的减排量只计算一次。

二是明确 CDM 过渡机制。规定在 SDM 建立之前，CDM 可照常运作，使用时间根据项目具体情况而定，但最迟不得晚于 2025 年 12 月 31 日。同时，提出现有 CDM 项目纳

入新机制的条件，其中，包括 2013 年后注册、2021 年前获批 CDM 项目产生的 CER 只能用于签署国的首次 NDC 履约。

三是对碳信用额度进行分配。各国减排量交易额的 5% 将用于补充气候适应基金（Adaptation Fund），以支持发展中国家增强其气候韧性；此外，交易额中的 2% 将被注入全球排放减缓账户（OMGE），以提升全球整体碳减排效果。在 COP26 通过的实施细则的基础上，2022 年 11 月的 COP27 主要就第 6.2 和第 6.4 条款的联结，包括对国与国之间的 ITMO 交易、如何监管多边碳信用市场（是否建立登记系统及 CDM 如何并入新机制）等问题继续进行谈判。会议期间，在联合国开发计划署的支持下，瑞士与加纳、瓦努阿图推出了双边自愿碳信用交易安排，来帮助两国加快建立减缓气候变化影响的项目，这标志着首个 ITMO 项目落地。

（《巴黎协定》内容：https：//unfccc.int/sites/default/files/chinese_paris_agreement.pdf）

五、合作领域不断深入及拓展

面对气候变化带来的巨大挑战，如何实现绿色低碳转型是全球各国未来发展的关键议题，也成为气候变化和环境治理等国际合作议题的重要抓手。为了推动世界发展，有效应对全球变暖的挑战，各国专家、学者、组织就“碳中和”与全球环境治理等领域的合作展开深入探讨，为新时期、新形势、新阶段全球各国的绿色转型合作提供新思路。

【绿色气候基金】

绿色气候基金是 2010 年在墨西哥坎昆举行的《联合国气候变化框架公约》第十六次缔约方大会（COP16）上决定设立的机构，旨在帮助发展中国家适应气候变化。作为《联合国气候变化框架公约》的资金机制，绿色气候基金将为实现《巴黎协定》各国承诺的维持全球气候升温在 2℃以下的目标起到资金贡献。作为根据此前决议，发达国家应在 2010—2012 年间出资 300 亿美元作为绿色气候基金的快速启动资金，并在 2013—2020 年间每年出资 1000 亿美元帮助发展中国家积极应对气候变化。经过两年的筹备以及秘书处选址，绿色气候基金于 2013 年 12 月 4 日正式在韩国松岛国际城挂牌成立。

相比于其他气候资金机制着重从公共部门筹资，绿色气候基金最大的特色是增加面向私营部门的资金来源。这不仅能减轻发达国家的财政压力，更能扩大资金来源以及规模，加快筹资的进度。为此，绿色气候基金秘书处专门设立了一个私营部门（Private Sector Facility），以提升基金运作的效率和灵活性。

绿色气候基金管理一个拥有多方资金来源的大规模的财政资源，并通过各种金融工具、融资窗口等提供资金。在直接提供基金方式中，以帮助向发展中国家实施气候变化相关的政策措施为目标，提供充足和可预见的财政资源，并需要在气候变化适应和气候变化减缓行动之间实现资金的均衡分配。

在引导基金运行方面，该文件建议：“基金的运作在缔约方大会的权威性和指导下运行，并全面向缔约方大会负责；基金委员会在代表方面，要体现所有缔约方平等且地域平衡的概念，并具有透明和高效的系统治理，使受援国可以拥有直接获取资金的渠道。”

与此同时，在签订、准备和实施阶段，该基金将是由国家推动和需求驱动的，且受援国可以有直接参与权。在治理方面，该基金应在缔约方大会的权威指导下由委员会管理，实施监督并管理基金，董事会应提交年度报告供缔约方大会审议和讨论。

【一带一路能源合作】

2022年6月24日，在能源领域，中国提出将“推动建立全球清洁能源合作伙伴关系，举办国际能源变革论坛，探索建立国际能源变革联盟”。全球清洁能源合作伙伴关系（以下简称“伙伴关系”，图2-2）的提出，以实现联合国2030年可持续发展议程和推动全球能源转型为主要方向，为推动全球能源低碳发展和绿色复苏、如期实现联合国2030年可持续发展议程注入了新的动力。

图2-2 2023“一带一路”能源合作伙伴关系

能源是人类文明进步的基础和动力。当前世界疫情跌宕反复，全球经济复苏脆弱乏力，发展成果受到冲击。根据联合国数据，2020年全球陷入贫困的人口数量增加1.2亿左右，极端贫困率自1998年以来首次上升。此外，全球仍有7.33亿人口无法得到电力供应，有24亿人无法实现清洁烹饪。完成联合国2030年可持续发展议程任重道远。

近年来，随着技术加速进步、成本持续下降、应用场景不断扩大，清洁能源在解决能源可及和避免能源返贫方面的能力不断增强。不同于化石能源，水能、风能、光能等清洁能源资源分布广泛且相对均匀，为全球各个经济体提供了均衡的发展机会。能源可及问题主要集中在基础设施不足、产业发展薄弱的经济欠发达地区，这些地区自己解决问题的内生动力不足，国际资金聚力协助问题解决的外部驱动力不够。目前，共有137个国家和地区提出了“零碳”或“碳中和”目标，但全球清洁能源发展的技术储备尚不充足，而且，与传统化石能源发展高度依赖资源禀赋不同，清洁能源发展更多需要政策、技术和资金的支持。在经济下行压力下，作为资本密集型产业，清洁能源的投资将受到影响。伙伴关系是推动全球能源转型的行动保障。如何推动这个全方位、全球性的伙伴关系呢?

1）发挥伙伴关系平台引领作用。伙伴关系将举办国际能源变革论坛，探索建立国际能源变革联盟，还将充分发挥中国—阿盟、中国—东盟、中国—非盟、中国—中东欧和亚太经合组织可持续能源中心等区域能源合作平台作用，积极打造中国—中亚绿色能源合作伙伴关系，推动区域各国政策信息沟通协调，推进清洁能源技术共享，加强人才交流与能力建设，促进创新合作项目孵化。

2）推动能源行业技术创新和产业融合。能源行业要充分认识到伙伴关系带来的国际合作新机遇，发挥创新主体作用，主动融入全球清洁能源技术创新网络，充分利用国内、国外两个市场、两种要素资源，推动研发成果尽快跨越商业化应用临界点，进一步降低清洁能源用能成本。同时，顺应全球产业链、供应链、价值链深度融合趋势，以更加广阔的视野、更加专业的国际合作能力投身全球清洁能源市场，推进产业转型升级，为维护全球清洁能源产业链和供应链的安全和稳定做出积极贡献。

3）实现智库机构有力支撑。凝聚伙伴关系下的全球智库力量，为政府部门、金融机构、能源企业参与国际清洁能源合作提供全方位智力支持。发挥“二轨”交流的渠道作用，加强成果共享与人员往来。通过开展知识分享与能力建设，为人文交流疏经通络，不断扩大合作共识。

4）探索实现金融机构导向作用。绿色低碳产业发展催生新的金融服务需求。据测算，全球要在21世纪中叶实现净排放归零的目标，2030年前每年在能源项目的投资需要达到5万亿美元。面对巨大的资金需求以及南北差距，金融机构应将绿色能源、能源可及作为对外援助资金的重点支持方向，探索建立符合绿色低碳产业金融服务需要的经营管理机制，不断提升绿色金融综合服务水平。

中国作为最大的发展中国家，曾面临严重的能源短缺问题。面对人口众多、地形各异、区域发展不平衡等挑战，中国于2015年成功实现全民通电。作为全球最大的可再生能源市场，中国拥有完备的产业链和生产制造能力。中国将结合自身发展经验与优势，助力各国探索符合本国国情的清洁能源发展道路，为国际社会提供更多关于能源可及和清洁能源发展的解决方案和公共产品。伙伴关系的建立是中方同各方共同落实全球发展倡议的重要举措和早期收获，将为全球清洁能源发展带来更开阔的视野、更广阔的空间，为全球共享增长机遇、携手应对全球挑战释放更多活力。

【联合国“奔向零碳”】

联合国旗下的奔向零碳计划（Race to Zero）是联合国发起的一项全球性运动，旨在凝聚企业、城市、地区和投资者的领导力和支持，实现健康、韧性的零碳复苏，预防未来的威胁，创造体面的就业机会，实现包容性的可持续增长。“奔向零碳”动员了11309个非国家行为体，形成了领先的净零倡议联盟，包括8307家公司、595家金融机构、1136个城市、52个州和地区、1125个教育机构和65个医疗保健机构。这些“实体经济”参与者加入了有史以来最大的联盟，致力于最迟在2050年实现净零碳排放。

该计划最重要的意义在于控制全球平均气温升幅在1.5℃以下，从而避免引起严重的气候变化问题。由此，志愿者们提出了一系列具有可操作性、有利于环境保护的实践方案，如争取欧洲100%碳中和的目标，在2050年前达到零碳排放目标；制订可操作的碳污染排放计划，逐渐减少碳排放污染；建立零排放的交通，开发新的可再生能源、智能交通出行系统，实现道路运输行业的零碳排放。

如此诸多方案表明了社会各界对于应对气候变化问题正在致力于行动，并证明了“奔向零碳”倡议为碳减排提供了有效支持和引导。

当前，“奔向零碳”倡议已经成为全球性行动，在各种国际气候大会上获得了进一步的认可和支持。此外，在公共卫生事件爆发时刻接近尾声，这个政策使更多企业意识到，低碳转型能够有助于其业务的可持续发展，大胆在全球范围内采用非常积极的气候变化战略与目标。

值得一提的是，“奔向零碳”的成功不仅体现在设定全球减排目标和计划方面，也反映在参与此计划的整体尽职尽责。从长远角度而言，这项计划将为全球的可持续发展战略做出重要贡献。

【课堂实践】

1. 梳理《联合国气候变化框架公约》《京都议定书》《巴厘路线图》《巴黎协定》相关内容进展及其特点。

2. 结合课本内容回答以下问题：

《联合国气候变化框架公约》具有怎样的时代意义以及时代局限性？

什么是《京都议定书》？它是应对气候变化的第一份国际协议吗？

《京都议定书》对发展中国家和发达国家的要求有哪些不同？

《京都议定书》建立了什么样的合作机制？

《巴厘路线图》的制订背景是什么？

第二节

“碳达峰、碳中和”各国在行动

【学习目标】

1. 学习各国针对全球气候问题所做出的相关举措内容。
2. 培养全球视野，了解不同国家在碳减排方面的行动差异。

【能力目标】

1. 培养学生的信息搜集能力，能够通过搜索和筛选相关信息，了解各国应对气候变化的政策和措施。

2. 培养学生的数据分析能力，能够进行简单的图表分析和数据比较，如全球温室气体排放量、各国碳排放情况等。

【素养目标】

1. 通过对比全球国家和地区双碳措施的不同，理解国际社会在政治、经济和文化方面的差异。

2. 具有全球视野和跨文化理解能力，理解不同国家、民族在环保方面的特点。

【课堂知识】

碳排放达峰是实现碳中和的基础和前提，达峰时间的早晚和峰值的高低直接影响碳中和实现的时长和难度。世界资源研究所（WRI）认为，碳排放达峰并不单指碳排放量在某个时间点达到峰值，而是一个过程，即碳排放首先进入平台期并可能在一定范围内波动，然后进入平稳下降阶段。碳排放达峰是碳排放量由增转降的历史拐点，标志着碳排放与经济发展实现脱钩。碳排放达峰的目标包括达峰时间和峰值。一般而言，碳排放峰值指在所讨论的时间周期内，一个经济体温室气体（主要是二氧化碳）的最高排放量值。联合国政府间气候变化专门委员会第四次评估报告中将峰值定义为“在排放量降低之前达到的最高值”。

一、世界主要国家碳排放达峰情况

截至2020年，全球已经有54个国家的碳排放实现达峰，占全球碳排放总量的40%。1990年、2000年、2010年和2020年碳排放达峰国家的数量分别为18个、31个、50个

和 54 个，其中，大部分属于发达国家。这些国家占当时全球碳排放量的比例分别为 21%、18%、36% 和 40%。2020 年，排名前十五位的碳排放国家中，美国、俄罗斯、日本、巴西、印度尼西亚、德国、加拿大、韩国、英国和法国已经实现碳排放达峰。中国、马绍尔群岛、墨西哥、新加坡等国家承诺在 2030 年以前实现达峰。届时全球将有 58 个国家实现碳排放达峰，占全球碳排放量的 60%。

美国碳排放峰值出现于 2007 年，比欧盟的德国、英国和法国以及东欧成员国晚 15 年以上。其碳排放峰值为 74.16 亿 t 二氧化碳当量，人均排放量为 24.46t 二氧化碳当量，比欧盟人均水平高出 138%。

美国主要的碳排放源为能源活动。碳排放达峰时，美国能源活动的碳排放量占比为 84.69%，农业、工业生产过程和废物管理占比较低，分别为 7.97%、5.31% 和 2.03%。由于能源市场上价格便宜的天然气发电逐渐取代燃煤发电，碳排放达峰后，美国能源活动和工业生产过程的碳排放量占比呈下降趋势。

欧盟是应对全球气候变化、减少温室气体排放行动的有力倡导者。见表 2-1，欧盟 27 国作为整体早在 1990 年就实现了碳排放达峰，但各成员国出现碳排放峰值的时间横跨 20 年，德国等 9 个成员国碳排放峰值出现于 1990 年，其余 18 个成员国碳排放峰值分别出现于 1991—2008 年。

表 2-1 全球主要排碳国家中已实现碳达峰国家时间表

国家	碳达峰时间（年）	国家	碳达峰时间（年）
法国	1991	巴西	2004
立陶宛	1991	葡萄牙	2005
英国	1991	澳大利亚	2006
波兰	1992	加拿大	2007
瑞典	1993	意大利	2007
芬兰	1994	西班牙	2007
比利时	1996	美国	2007
丹麦	1996	冰岛	2008
荷兰	1996	日本	2012
瑞士	2000	韩国	2018

欧盟碳排放峰值为 48.54 亿 t 二氧化碳当量，人均碳排放量为 10.28t 二氧化碳当量，主要的碳排放源为能源活动（含能源工业、交通、制造业等）。1990 年碳排放达峰时，欧盟能源活动的碳排放量占碳排放总量的 76.94%，其次是农业（10.24%）和工业生产过程（9.24%），废物管理占比较低（3.59%）。1990—2018 年间，由于欧盟工业生产过程和废物管理的碳排放量降幅相对较高，能源活动和农业的碳排放量占比略有升高。

日本碳排放峰值出现于 2013 年，碳排放峰值为 14.08 亿 t 二氧化碳当量，人均排放量为 11.17t 二氧化碳当量，低于欧盟人均水平的 8.66%。

二、“双碳”目标的各国时间表

1. 各国碳达峰目标日期

在目前在设定碳中和目标的 137 个国家和地区中，超过 90%（即 124 个）设定了到

2050 年实现碳中和的目标。只有五个国家设定了 2050 年后的净零承诺，其中，包括尚未设定明确目标的澳大利亚和新加坡。事实上，根据气候行动追踪器，全球 73% 的排放量目前已被净零目标覆盖。

不丹和苏里南是仅有的两个实现碳中和并且实际上是负碳（去除的碳多于排放量）的国家。乌拉圭的 2030 年目标是尝试实现这一壮举，欧洲的芬兰、奥地利、冰岛、德国和瑞典都将目标定在 2045 年或更早，见表 2-2。

表 2-2　不同国家和地区碳达峰及碳中和时间

国家和地区	碳达峰时间（年）	碳中和时间（年）
美国	2007	2050
欧盟	1990	2050
加拿大	2007	2050
韩国	2013	2050
日本	2013	2050
澳大利亚	2006	2040
南非		2050
巴西	2012	

2. 部分国家的碳中和目标解读

（1）瑞典　2017 年 6 月，瑞典承诺到 2045 年实现碳中和。这使其成为第一个将时间表纳入法律，以确保其提前实现《巴黎协定》目标的国家。与 1990 年的水平相比，它计划将其绝对排放量减少 85%，其余 15% 将通过投资于有助于减少瑞典和世界其他地方污染的项目来根除。该国多年来一直通过增加核电站和投资水力发电来使其能源部门脱碳，同时在 21 世纪 90 年代征收碳税，以支持从化石燃料的转变。

（2）英国　英国于 2019 年 6 月将到 2050 年实现净零排放的目标制订为法律。这样，英国成为第一个以这种规模遏制气候变化的 G7 国家，建立在其先前在未来 30 年内将排放量减少 80% 的目标的基础上。作为其努力的一部分，英国的碳排放量在过去 10 年中下降了 29%，至 3.54 亿 t。然而，英国议会的独立顾问气候变化委员会（CCC）认为，由于预计未来几年减少排放的进展将放缓，它不会实现其接下来的两个气候目标。

（3）法国　2019 年 6 月，法国宣布到 2050 年实现温室气体净零排放的立法。该法律提出了 2030 年将化石燃料消耗量减少 30%~ 40% 的目标。法国是一个严重依赖核能的国家，它正在寻求加快低碳能源和可再生氢的开发，同时计划到 2022 年逐步淘汰燃煤电厂。法国正在采取措施改善该国约 720 万个绝缘不良的家庭，因为住房部门约占其电力消耗的 45%，产生的碳排放量的 25%。

（4）丹麦　丹麦政府此前提出了净零目标，并于 2019 年 6 月依法承诺到 2050 年实现碳中和。政府承诺引入具有约束力的脱碳目标，并加强其到 2030 年将排放量从 1990 年水平以下 40% 减少到 70% 的雄心。丹麦国营公用事业公司 Energinet 发布的数据显示，2019 年该国 47% 的能源仅来自风能。这种可再生能源是该国脱碳计划的关键组成部分，因为它的目标是确保其电力部门到 2030 年不再使用化石燃料。

（5）新西兰　新西兰于 2019 年 11 月通过了一项法律，到 2050 年实现净零排放。它声称可以很好地实现目标。该国 80% 的电力来自可再生能源，并计划在 2035 年逐步淘汰石油和天然气。但是其政府的气候提案存在一个很大的漏洞，因为它没有包括甲烷排放方面达到净零——据信甲烷在大气中捕获的热量是二氧化碳的 30 倍。农业占新西兰温室气体排放量的近一半，而反刍动物的甲烷排放量约占其总排放量的 1/3。该国已提议到 2030 年将这些排放量比 2017 年的水平减少 10%，然后到 2050 年减少 24%~47%。

（6）匈牙利　匈牙利制定了一项具有法律约束力的目标，即到 2050 年实现净零排放。匈牙利做出了这一承诺，作为其对拟议的 2050 年欧盟净零排放战略的承诺的一部分，这是欧盟绿色协议的核心。匈牙利的碳中和宣言没有包括加强其 2030 年的气候目标，届时它的目标是将排放量从 1990 年的水平减少 40%。该国将在未来进行更大的减排，并计划在 2025 年之前关闭其最后一个剩余的燃煤电厂，并扩大核电规模。

（7）日本　日本承诺在 2050 年前实现净零排放。该国的承诺意义重大，因为它是世界第五大碳排放国，将需要在国内能源生产中（从煤炭）进行重大战略转变。此前，日本的目标是到 2050 年将温室气体排放量减少 80%，并在 21 世纪下半叶“尽快”实现碳中和。煤炭、天然气和石油目前在其国家能源结构中占主导地位，到 2050 年实现净零排放将需要对可再生能源进行大量投资，并缩小煤炭船队的规模。

（8）韩国　在日本做出净零承诺两天后，韩国总统在 2020 年 10 月的国民议会演讲中承诺，韩国将在 2050 年之前实现碳中和。作为该国于 2020 年 7 月宣布的绿色新政的一部分，这个严重依赖化石燃料为其电网供电的国家将结束其对煤炭的依赖，并用可再生能源取而代之。煤电目前是韩国电力供应的基石，约占韩国总能源结构的 40%，而且还有 7 座新的煤电机组在建，这将不可避免地使净零挑战变得更加困难。

三、各国“双碳”工作亮点

1. 欧盟

碳达峰：欧盟 27 国作为整体在 1990 年就实现了碳排放达峰，但各成员国出现碳排放峰值的时间横跨 20 年，德国等 9 个成员国碳排放峰值出现于 1990 年，其余 18 个成员国碳排放峰值分别出现于 1991—2008 年，见表 2-3。

表 2-3　全球已规划碳中和的部分国家和地区情况

承诺类型	具体国家和地区（规划时间）
已实现	不丹、苏里南
已立法	瑞典（2045）、英国（2050）、法国（2050）、丹麦（2050）、新西兰（2050）、匈牙利（2050）
立法中	韩国（2050）、欧盟（2050）、西班牙（2050）、智利（2050）、斐济（2050）、加拿大（2050）
政策宣示	乌拉圭（2030）、芬兰（2035）、奥地利（2040）、冰岛（2040）、美国加州（2045）、德国（2050）、瑞士（2050）、挪威（2050）、爱尔兰（2050）、葡萄牙（2050）、哥斯达黎加（2050）、马绍尔群岛（2050）、斯洛文尼亚（2050）、马绍尔群岛（2050）、南非（2050）、日本（2050）、中国（2060）、新加坡（21 世纪下半叶尽早）

碳中和目标设定：2007 年 7 月，欧盟发布了“气候与能源”一揽子计划草案，首次完整地提出了欧盟 2020 年的低碳发展目标和相关政策措施。2008 年 1 月欧盟正式提出了“气候与能源”一揽子方案的立法建议，年底获得欧盟首脑议会和欧洲议会的批准，成为正式法律。该计划设定了 2020 年欧盟整体比 1990 年减排温室气体 20%、节能 20%、可再生能源消费比例提高到 20% 的目标，并通过按国别的目标责任分解、建立欧盟碳市场、提高机动车排放标准等一系列的配套措施，来落实这一整体行动方案。2020 年 11 月，欧盟

27 国领导人就更高的减排目标达成一致，决定到 2030 年时欧盟温室气体排放要比 1990 年减少至少 55%，在 7 个领域开展联合行动，包括提高能源效率，发展可再生能源，发展清洁、安全、互联的交通，发展竞争性产业和循环经济，推动基础设施建设和互联互通，发展生物经济和天然碳汇，发展碳捕获和储存技术，以解决剩余排放问题，到 2050 年实现碳中和目标。

政策支持：欧盟形成了贯彻实施低碳发展战略目标的路线图和一整套包括市场、财政金融、标准标识、自愿协议、信息传播等工具的政策措施。2011 年 3 月，欧盟发布了《2050 年迈向具有竞争力的低碳经济路线图》。该路线图描绘了 2050 年欧盟实现温室气体排放量在 1990 年水平上减少 80%~95% 目标的成本效益方法。在产业政策层面，欧盟将发展重点聚焦在清洁能源、循环经济、数字科技等方面，政策措施覆盖工业、农业、交通和能源等几乎所有经济领域，以加快欧盟经济从传统模式向可持续发展模式转型。在交通运输方面，欧盟计划通过提升铁路和航运能力，大幅降低公路货运的比例。同时，加大与新能源汽车相关的基础设施建设，2025 年前在欧盟国家境内新增 100 万个充电站，双管齐下降低碳排放量。2019 年 12 月，欧盟委员会正式发布《欧洲绿色协议》，提出到 2030 年温室气体排放量在 1990 年的基础上减少 50%~55%，到 2050 年实现碳中和目标。《欧洲绿色协议》涉及的变革涵盖了能源、工业、生产和消费、大规模基础设施、交通、粮食和农业、建筑、税收和社会福利等方面。2020 年 3 月提交的《欧洲气候法》，旨在从法律层面确保欧洲到 2050 年成为首个“碳中和”大陆，准备设立 7500 亿欧元的专项经济复苏基金。复苏计划重点投资的领域包括电动汽车、低碳电力生产和氢燃料等，包括三大主要内容：一是为发展绿色经济、进行数字化转型等提供财政支持；二是鼓励私人投资，设立预算为 310 亿欧元的偿付能力支持工具；三是扩大欧盟科研创新资助计划“地平线 2020 计划”的资金规模，以强化卫生安全。

欧盟可再生能源电力机制政策如下：

欧洲碳市场（EU ETS）：启动于 2005 年，是目前全球最大的碳排放交易体系。欧洲碳市场包括电力、工业以及航空部门的 11000 多个排放设施，2020 年排放量约为 13 亿 t，交易量达 80 亿 t，占 2020 年全球碳市场交易总额 2290 亿欧元的九成。自 2021 年 2 月开始，欧洲碳配额（EUA）价格一路上扬，先是超过 2006 年以来的 31 欧元 /t 的纪录，又于 2021 年 2 月初突破 40 欧元。2021 年 3 月，欧洲议会投票通过碳关税（CBAM 碳边境调节机制）的议案，议案自 2023 年起实施。尽管删除了“逐步消减免费配额”的表述，但市场情绪仍然较高。

英国碳市场（UK ETS）：于 2021 年 1 月推行碳排放交易系统。UK-ETS 的实施将分阶段进行，第一阶段从 2021—2030 年，第二阶段从 2031—2040 年。英国政府将在 2023 年对 ETS 进行初步审查，以评估系统在 2021—2025 年前半阶段的表现，并于 2026 年之前完成对系统设计方案的必要调整。2028 年，将全面评估系统在第一阶段的整体表现。本次纳入 ETS 的行业类型包括能源密集型工业、发电行业和航空业。2021 年，包括航空业在内的配额发放总量大约为 1.56 亿 t，之后逐年减少 420 万 t。免费配额发放量将考虑免费配额的总量上限。2021 年的免费配额总量大约为 5800 万 t，之后逐年减少 160 万 t。

2. 美国

碳达峰：美国碳排放峰值出现于 2007 年，比欧盟的德国、英国和法国以及东欧成员国晚 15 年以上。碳排放峰值为 74.16 亿 t 二氧化碳当量，人均排放量为 24.46t 二氧化碳当量，比欧盟人均水平高出 138%。

碳中和目标设定：美国承诺在 2035 年，通过可再生能源过渡实现无碳发电，2050 年实现碳中和。美国主要的碳排放源为能源活动。碳排放达峰时，美国能源活动的碳排放量占比为 84.69%，农业、工业生产过程和废物管理占比较低，分别为 7.97%、5.31% 和 2.03%。由于能源市场上价格便宜的天然气发电逐渐取代燃煤发电，碳排放达峰后，美国能源活动和工业生产过程的碳排放量占比呈下降趋势。

政策支持：2013 年 6 月，美国奥巴马政府制定了“总统行动计划”，对 2020 年比 2005 年温室气体减排 17% 的目标进行了按领域分解落实，包括更新新建以及既有发电厂碳排放标准、发展新能源、激励对清洁能源的长期投资、提高能源效率、确立四年一次的能源评估制度等。2014 年 6 月，政府推出“清洁电力计划”，要求 2030 年之前将发电厂的二氧化碳排放在 2005 年排放水平上削减至少 30%，这是美国首次对现有和新建燃煤电厂的温室气体排放进行限制。该计划只提出电厂的减排目标和指导原则，不规定具体的实现路径和方法，允许各州整合资源，形成最佳成本效益组合方案。2017 年 6 月，特朗普宣布美国退出《巴黎协定》，在国际社会引起了轩然大波，给世人留下了似乎美国政府不关心温室气体减排的印象。2021 年 1 月，拜登上任第一天就宣布重返《巴黎协定》，并提出“到 2035 年，通过可再生能源过渡实现无碳发电，2050 年实现碳中和”。为了实现“3550”碳中和目标，政府计划拿出 2 万亿美元，用于基础设施、清洁能源等重点领域的投资。其具体措施主要有在交通领域的清洁能源汽车和电动汽车计划、城市零碳交通、“第二次铁路革命”等；在建筑领域，建筑节能升级、推动新建筑零碳排放等；在电力领域，引入电厂碳捕获改造，发展新能源等。同时，加大清洁能源创新，成立机构大力推动包括储能、绿氢、核能、CCS 等前沿技术研发，努力降低低碳成本。

美国碳市场：由于美国在应对气候变化、控制温室气体排放上政策导向摇摆不定，某些州在没有联邦政府参与下尝试推行区域性碳排放权交易机制。区域温室气体倡议（RGGI）是美国东北部地区和大西洋中部某些州共同实施的第一个强制性温室气体排放交易机制。该机制仅覆盖不低于 25MW 的发电装置且采用拍卖的形式进行初始配额的分配。近年来，RGGI 在制订收紧总量控制和建立排放控制储备等新措施的同时，还吸纳了弗吉尼亚州和新泽西州两个“新成员”。加利福尼亚州则创立了全球最广泛且最复杂的温室气体排放权交易体系，其出台的《全球变暖应对法案》对碳减排目标设定与排放权交易机制的总量控制目标、覆盖范围、碳配额抵消与储存机制等问题做出明确的制度安排，是地方应对气候变化措施的典型代表。

3. 日本

碳达峰：日本碳排放峰值出现于 2013 年，碳排放峰值为 14.08 亿 t 二氧化碳当量，人均排放量为 11.17t 二氧化碳当量，低于欧盟人均水平的 8.66%。日本的主要碳排放源为能源活动，碳排放达峰时，占碳排放总量的比例高达 89.58%，而工业生产过程、农业和废物管理的碳排放量占比分别为 6.36%、2.47% 和 1.59%。达峰后，能源活动造成的碳排放量占比略有下降，得益于日本严格的垃圾回收政策，废物管理造成的碳排放量持续降低。

碳中和目标设定：2020 年 12 月，日本政府推出《绿色增长战略》，被视为日本 2050 年实现碳中和目标的进度表，构建“零碳社会”。一是将在 15 年内逐步停售燃油车，日本政府计划到 2030 年将蓄电池成本“砍半”至 1 万日元 /kW・h（约合 96.9 美元 /kW・h），同时降低充电等相关费用，使电动汽车用户的费用降至与燃油车用户相当的水平。二是到 2050 年可再生能源发电占比过半，其中，海上风电将是日本未来电力领域的发力重点，目标是到 2030 年将海上风电装机增至 10GW、2040 年达到 30~45GW，并在 2030—2035 年间将海上风电成本削减至 8~9 日元 /kW・h。三是引入碳价机制来助力减排，将在 2021 年制定一项根据二氧化碳排放量收费的制度，但业内担心增加经济负担，这使政府对于全国引入碳定价机制仍然持谨慎态度。

政策支持：日本经济产业省通过监管、补贴和税收优惠等激励措施，动员超过 240 亿日元的私营领域绿色投资，力争到 2030 年实现 90 万亿日元的年度额外经济增长，到 2050 年实现 190 万亿日元的年度额外经济增长。日本还将成立一个 2 万亿日元的绿色基金，鼓励和支持私营领域绿色技术研发和投资。

日本碳市场：日本于 2010 年在东京构建了世界上第一个城市级排放权交易体系，并随后在埼玉县对东京 ETS 加以复制，日本两个城市级碳市场主要覆盖商业和工业建筑的电力与热力消费。目前，日本实现了东京和埼玉县连接的开创性城市级碳市场，以推进大型建筑和工厂的减排。

4. 印度

目标设定：印度至今仍未对碳达峰和碳中和做出承诺。印度在 2015 年向联合国递交减排计划，在一份题为《印度决心做出的贡献》文件中显示，到 2030 年碳排放量较 2005 年下降 33%~35%，同时为本国应对气候变化设立基金。随着国际社会压力增大和国内环境状况恶化，2012 年，印度向气候变化框架公约大会提交了《第二次国家信息通报》，明确到 2020 年碳排放强度在 2005 年的基础上削减 20%~25%，并进一步向《联合国气候变化框架公约》秘书处提交的“国家自主贡献”中提出，到 2030 年使国家碳排放强度在同样的基础上削减 33%~35%。

政策支持：2008 年，印度政府首次发布“气候变化国家行动计划”。该计划作为纲领性文件，包括应对气候变化的原则、规划以及组织实施方式等，其重点是八项国家行动计划，其中，侧重于减缓领域的是太阳能国家计划、提高能源效率国家计划和可持续生活环境国家计划；适用领域包括水资源国家计划、喜马拉雅生态保护国家计划、绿色印度国家计划和农业可持续发展国家计划；另有一个加强气候变化战略研究的能力建设规划。该行动计划关注了可再生能源开发，强调适应气候变化，但回避了具体减碳目标。在推动太阳能利用方面，莫迪政府于 2014 年公布了新计划，决定 5 年内投入 1 万亿卢布使太阳能发电装机达到 10 万 MW。

5. 巴西

目标设定：巴西在 2012 年实现碳排放达峰，碳排放峰值为 10.28 亿 t 二氧化碳当量，人均排放量仅 5.17t 二氧化碳当量。2014 年和 2016 年，受巴西世界杯和里约奥运会影响，其碳排放量有所回升，总体仍低于 2012 年。2020 年 12 月，巴西设立目标到 2025 年温室气体排放量较 2005 年低 37%，到 2030 年温室气体排放量较 2005 年低 43%，力争到 2060 年实现碳中和。

政策支持：2004 年，巴西政府制定了《亚马孙森林砍伐预防和控制联邦行动计划》，巴西国家太空研究院的研究显示，该计划实施使 2012 年亚马孙地区森林砍伐率较 2004 年下降 83.5%。2009 年，巴西制定颁布了国家应对气候变化法《应对气候变化国家计划》，提出巴西 2020 年的排放量比 2005 年绝对减少 5.7%~9.8%。2012 年 5 月，巴西里约热内卢市政府推出低碳战略计划，这一计划旨在进一步降低区域温室气体排放，同时构建一套更全面的碳汇计算和交易模式。

【课堂实践】

1. 收集关于各国“双碳”工作亮点的相关形成资料，梳理相关国家“双碳”治理措施手段与成果的逻辑，手绘一张治理流程思维导图。

2. 3~4 人组成一个小组，调研世界各国在治理碳排放的合作领域及具体合作措施。选某一国家或某一代表性企业，列举其合作治理的相关背景资料及数据，形成分析材料进行小组汇报。

第三章
“双碳”目标与气候变化

本章学习为什么要开展“双碳”目标工作。“双碳”目标工作并不是对国际舆论的简单应付，更不是一时的心血来潮，是我们在科学了解气候变化的底层逻辑和根本规律基础上的理性决策，更是我们参与国际合作、共同应对气候变化、建设人类命运共同体的大国担当。

亿万年间，地球历经沧海桑田，馈赠了人类一个温和适宜的生存环境和稳定的气候，地壳演化形成了一个合理的温室气体浓度，在这个浓度的基础上，自然发生的温室效应就像给地球穿了一件合适的羽绒服，让地球表面平均温度稳定在15℃，呵护着地球生态系统的发展，并使地球充满生机。正是有了如此的自然馈赠，人类世世代代繁衍生息，物质、精神文明绵延发展。随着工业化进程，如果碳排放快速增加，温室气体浓度快速增长，就会导致自然的温室效应变成过度的温室效应，就像一次给地球穿了多件羽绒服，“肌体”的温度失衡，地球就会出现各种问题。

在前工业社会，大气中的碳循环是基本稳定的。地球存在着四大碳库，即大气碳库、海洋碳库、陆地生态系统碳库和岩石圈碳库。大气碳库中的碳与海洋碳库和陆地生态碳库进行快速循环，这个循环过程在前工业社会是基本稳定的，所以大气中以二氧化碳为代表的温室气体的浓度也是长期稳定的。在进入工业社会后，大气中的碳排放快速增长，海洋碳库和陆地生态系统的固碳循环能力无法同步匹配，就会导致大气中温室气体浓度增大，从而导致过度的温室效应产生。

人类发展史上的每次社会生产力迭代都和能源革命息息相关，能源利用的效率提升带动了人类社会的迭代发展。化石能源的使用，让我们从薪火相传、刀耕火种的时代进入了机器轰鸣、流水生产的工业时代，物质和经济蓬勃发展的同时，也给我们带来了碳排放过度增长、大气中温室气体浓度快速增长，从而导致了过度的温室效应问题。

过度的温室效应会带来各种气候与自然生态变化，带来冰川与城市的消失，病虫灾害的加剧，带来降雨不均与粮食危机，带来生物多样性的减少，很多生物会灭绝，更会触动地球的各种“敏感神经”爆发，发生不可预测的蝴蝶效应。近些年来，世界各地频发极端高温天气以及各种自然灾害，已经造成了部分地区人类的财产及生命健康的损失。作为碳基生命的人类，只能在合适的温度和气候区间内生存和繁衍，我们需要一个气候稳定的地球，保护地球就是保护人类自身。

【开篇故事】“人类，不要选择灭绝”

庞大的联合国大厅内，外交官们正窃窃私语，准备即将到来的会议。突然，大厅的门缓缓打开，传来厚重的脚步声，一位“不速之客”踏步而来。

映入人们眼帘的是锐利的獠牙，以及粗糙的皮肤，原来，一只“恐龙”闯入了联合国内。与会各国代表目瞪口呆，一片惊呼，恐惧地四处逃离躲闪。这只名为弗兰基（Frankie）的恐龙，不慌不忙登上讲台，用硕大的爪子抓起小小的话筒，开始一番警告人类的演讲。

“听着，人类。我知道一两件关于灭绝的事。你们可能认为这是显而易见的，走向灭绝是一件可怕的事。但主动驱使自己走向灭绝？这是我过去 7000 万年来，听过最可笑的事。”

“至少我们还有一颗陨石。”“弗兰基”说道，“你们的借口是什么呢？你们主动迈向一场气候灾难，但每年各国政府还在化石燃料上投入数百亿美元的补贴。想象一下，这就像我们恐龙每年花数百亿美元，补贴一颗巨大的小行星。这就是你们现在的做法！”

“弗兰基”继续说：“人类啊，想一想你们能用这些钱干的事。世界各地的人们，正处在贫困之中。难道你们不认为把钱投入在这些事（消除贫困）上比投入在灭绝自己上要好吗？”

“不要选择灭绝。在太晚之前，拯救你们自己。是时候了，人类应该停止寻找借口，开始改变。”恐龙“弗兰基”演讲结束后，全场起立鼓掌。

这个故事当然不是真的，而是在 2022 年格拉斯哥联合国气候变化大会（COP26）10 月 31 日开幕前，联合国开发计划署公布的一段不寻常的视频，视频截图如图 3-1 所示。这是联合国历史上第一部使用计算机绘图技术制作的电影，多位知名演员用英语、西班牙语和法语参与配音。这是联合国开发计划署推出主题为“不要选择灭绝”活动的内容之一，这个活动的目的是敦促各个国家和地区停止化石燃料补贴政策，将资金用于可持续发展领域。

图 3-1　恐龙的忠告

【思维导图】

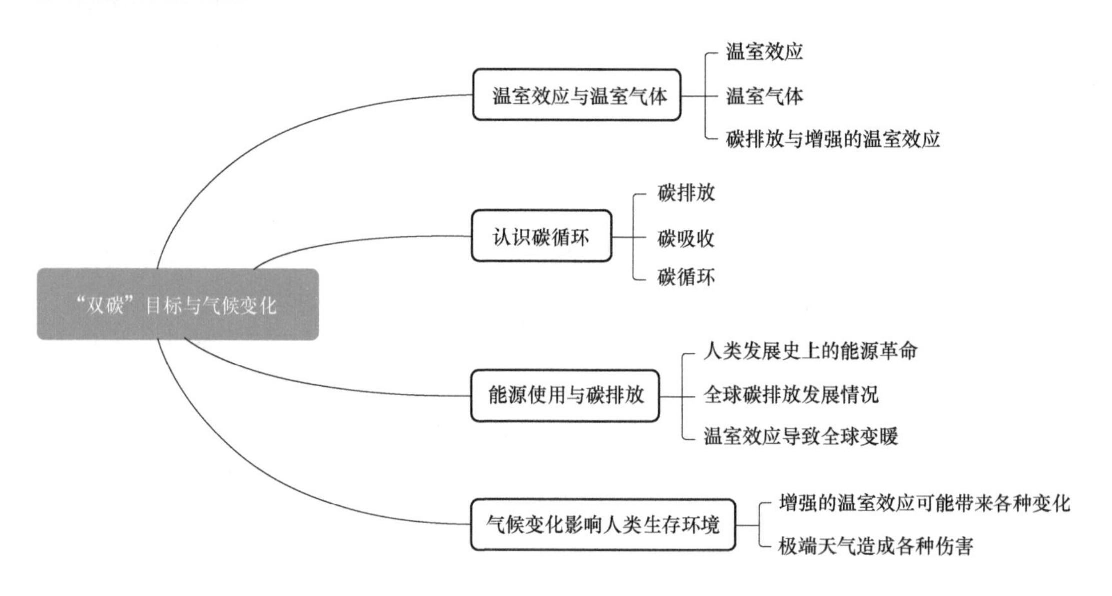

第一节

温室效应与温室气体

【学习目标】

1. 了解温室效应、温室气体和碳排放等的定义。
2. 理解温室气体与碳排放形成的原因。

【能力目标】

1. 能够辨析碳排放与过度温室效应的区别。
2. 能够分析日常生活中的温室效应和碳排放现象。

【素养目标】

1. 加深温室效应成因及相关基础内容的理解。
2. 培养学生收集资料、分析素材和自主学习的能力。

【课堂知识】

一、温室效应

温室效应如图 3-2 所示，俗称“大气保温效应”。来自太阳的热量以短波辐射的形式到达地球外空间，然后穿越厚厚的大气层到达地球表面，地球表面吸收这些短波辐射热量后升温，升温后的地球表面向大气释放长波辐射热量，这些长波热量很容易被大气中的温室气体吸收，这样就使地球表面的大气温度升高，这种增温效应类似于栽培植物的玻璃温室，所以得名为温室效应（Greenhouse effect）。形象点讲，温室气体能够吸收地球表面释放的长波辐射热量，把热量暂时保存起来，就像给地球穿上了一件保暖羽绒服。

二、温室气体

“温室气体”顾名思义是能引起温室效应的气体，主要有二氧化碳（CO_2）、甲烷（CH_4）、一氧化二氮（N_2O）、氯氟碳化合物（CFCs）及臭氧（O_3）等。它们能够吸收地

球表面释放的长波辐射热量，把热量暂时保存起来。其实，这些温室气体早就存在大气层中，温室效应也早就存在了。这种最原始的温室效应称为“天然的温室效应”。

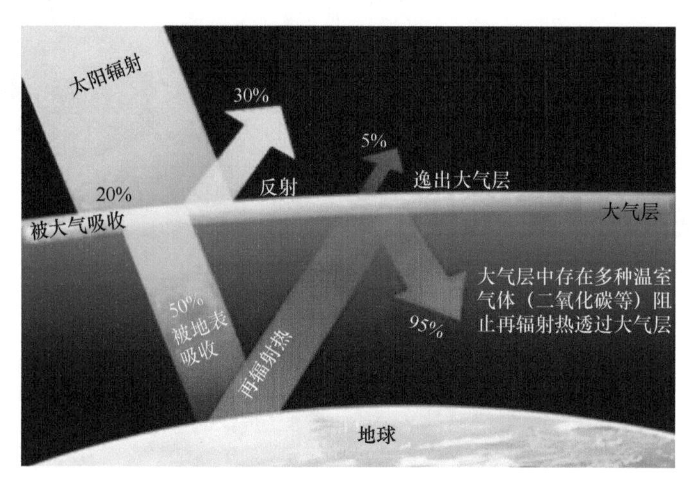

图 3-2　温室效应

假若没有这种天然的温室效应，地球上的季节温差和昼夜温差就会很大，地球表面的平均温度不会是现在适宜的 15℃，而是十分寒冷的 -18℃。如果地球上的温度如此低，是不适宜人类生存的，也就不会有今天的人类文明。因此，天然的温室效应对人类文明的发展具有重要的意义。既然如此，为什么现在的科学家们会把温室效应当作一个全球性的重大环境问题呢？

就像人要根据具体的外部气温和身体情况增减衣服，衣服太厚容易中暑、衣服太薄容易受凉感冒。温室气体就像地球的这件衣服，不能太厚也不能太薄。如果地球“衣服”太薄了，可能出现急剧的降温，原来盛产粮食的土地会冻土，不再结果，河流封冻缺水，人类需要更多的能源取暖可能被冻伤冻死，人类的生存会变得异常艰难。地球演化历史上曾出现过地球大气层中的温室气体大量消失的情况，25 亿年前的地球，曾进入大冰期，这场大冰期将整个地球冰封住数亿年，超过 99% 的物种因此灭绝。

地球变得如此宜居是亿万年来自然演变的结果，是自然的馈赠。如果地球的“衣服”太厚了，就会全球气候变暖，会使全球降水量重新分配、冰川和冻土消融、海平面上升等，不仅危害自然生态系统的平衡，还影响人类健康，甚至威胁人类的生存。由于陆地温室气体排放造成大陆气温升高，与海洋温差变小，进而造成了空气流动减慢，雾霾无法短时间内被吹散，造成很多城市雾霾天气增多，影响人类健康。最严重的是冰川融化后使海平面升高，导致原来的宜居陆地消失，威胁人类的生存环境。

三、碳排放与增强的温室效应

碳排放是指人类在生产和商业活动中向外界释放温室气体（二氧化碳、甲烷、氧化亚氮、氢氟碳化物、全氟化碳和六氟化硫）的过程。温室气体中最主要的气体是二氧化碳，因此用碳（Carbon）一词作为代表。碳排放被认为是全球变暖的主要原因之一。

随着人类工农业活动及工业革命发展，人类大规模的森林砍伐，草原和化石燃料的使用增长惊人，人类向大气中排入的二氧化碳等吸热性强的温室气体逐年增加，大气中温室气体的浓度急剧增大，造成大气中的温室效应日益增强。这种人为活动引起的温室效应称为“增强的温室效应”，这正是全球环境科学家们密切关注和担忧的温室效应。

随着大气温室效应不断加剧，全球平均气温也必将逐年升高，最终导致全球气候变暖，产生一系列不可预测的全球性气候问题。

【课堂实践】

1. 收集关于“温室效应”的相关形成资料，梳理“温室效应”形成逻辑结构，手绘一张温室效应形成思维导图。

2. 3~4 人组成一个小组，调研国内产生温室气体的主要行业是什么。选某一行业或某一代表性的企业，列举其温室气体排放的相关背景资料及数据，形成分析材料进行小组汇报。

第二节

认识碳循环

【学习目标】

1. 了解碳的排放和吸收的基本循环过程。
2. 理解碳基生命的内涵。

【能力目标】

1. 培养归纳总结能力。
2. 能够区分碳库、碳汇和碳排放源等概念。

【素养目标】

思考碳排放如何影响人类的未来，培养学生的思维能力。

【课堂知识】

碳在元素周期表中排列第六位的化学元素，在地球上无所不在、举足轻重。惊艳世界的喀斯特地貌由碳构成，见证古代文明进程的木质建筑由碳构成，推动近现代文明高速发展的化石燃料也由碳构成。大地之上的万物生灵由碳构成，我们都是碳基生命。

在有人类的工业活动之前，碳元素通过海洋、植物、土壤、岩石被吸收，再通过二氧化碳、甲烷等气体被排放，实现动态的平衡，循环流转、生生不息。然而，人类的活动，尤其是使用化石能源造成了过量二氧化碳的排放，造成了温室气体的过量聚集。让我们来看看碳是如何在地球上循环往复的。

一、碳排放

碳排放是关于温室气体排放的一个总称或简称。碳排放来源主要分为能源使用（燃烧）产生的碳排放、工业生产中释放的二氧化碳和农业及其他活动中释放的二氧化碳三类。

1. 能源使用产生的碳排放

煤炭、石油和天然气这些化石能源使用过程中会产生大量温室气体二氧化碳等。化石能源的使用主要集中在电力、供暖和交通等行业。化石能源的使用产生的碳排放是最主要

的碳排放源。2021年，全球温室气体排放量达到了408亿t二氧化碳当量，能源相关的二氧化碳排放量达到了363亿t，比重约为90%。一般1t标煤燃烧排放二氧化碳为2.66~2.72t。全球各主要国家对煤的消费总量和二氧化碳的排放量都实行总量控制。

2. 工业生产中释放的二氧化碳

工业生产过程中释放的温室气体一般指的是非燃烧情况下产生的二氧化碳，如石灰生产中碳酸钙中释放的二氧化碳等，不包括使用能源引起的排放。

根据我国工业生产活动状况，对我国工业生产过程温室气体排放界定的排放源包括水泥、石灰、钢铁、电石、己二酸、硝酸、半导体、一氯二氟甲烷、铝、镁等产品的生产过程，臭氧消耗物质替代生产和使用，电力设备制造和运行，石灰石和白云石的使用等。涉及的温室气体包括二氧化碳、一氧化二氮、氢氟碳化物、全氟化碳和六氟化硫五种。其中，二氧化碳排放中估算了水泥、石灰、钢铁、电石生产过程以及石灰石和白云石使用过程中的排放量，一氧化二氮只估算了己二酸和硝酸生产过程中的排放量。

3. 农业及其他活动中释放的二氧化碳

农业和土地利用部门的温室气体排放量约占全国温室气体总排放量的5%，主要来自农业、畜牧业、垃圾处理，以及土地利用、土地利用变化及森林的温室气体排放或移除。

农业化肥的发明和使用能够大幅度提高作物产量，改善农产品质量，但是农业化肥对环境破坏的威力也不容小觑。以化肥中最常见的氮肥为例，其在制造和施用的过程中都会产生大量的温室气体一氧化二氮。与二氧化碳相比，一氧化二氮影响气候变暖的能力是其300倍。

畜牧业产生的温室效应也不容忽视，猪、牛、羊的饲养过程中会产生大量温室气体排放。此外，动物饲料生产需要消耗化肥和燃料，大规模养殖需要能源供给照明、温控、自动投喂，这些都间接增加了二氧化碳的排放量。

还有一部分土地利用的排放来自树木的减少。树木本身对二氧化碳有吸收作用，大量砍伐树木不仅减少了自然碳吸收的途径，而且使土壤释放二氧化碳的量有所增加，从而加重温室效应。

二、碳吸收

碳元素在大气、陆地和海洋等各大碳库之间不断地循环变化。大气中的碳主要以二氧化碳和甲烷等气体形式存在，在水中主要以碳酸根离子和碳酸氢根离子的形式存在，在岩石圈中以碳酸盐岩石和沉积物的主要成分存在，在陆地生态系统中则以各种有机物或无机物的形式存在于植被和土壤中。

碳库是全球变化科学中的一个重要名词，指在碳循环过程中，地球系统各个存储碳的部分。碳在地球上无处不在，概括起来，地球上主要有四大碳库，即大气碳库、海洋碳库、陆地生态系统碳库和岩石圈碳库。四大碳库及其相互之间的关系如图3-3所示。

1. 大气碳库

在大气中，含碳气体主要有二氧化碳、甲烷和一氧化碳等。通过测定这些气体在大气中的含量即可推算出大气碳库的规模。目前，探测的大气碳库大小约为720Gt碳，即7200亿t碳。大气碳库在几大碳库中是最小的，但是足以作为联系海洋与陆地生态系统碳库的纽带和桥梁。大气中的碳含量多少直接影响整个地球系统的物质循环和能量流动。相对于海洋和陆地生态系统来说，大气中的碳量是最容易计算的，也是最准确的。由于在这些气体中二氧化碳含量最大，也最为重要，因此大气中的二氧化碳浓度往往可以看作大气中碳含量的一个重要指标。

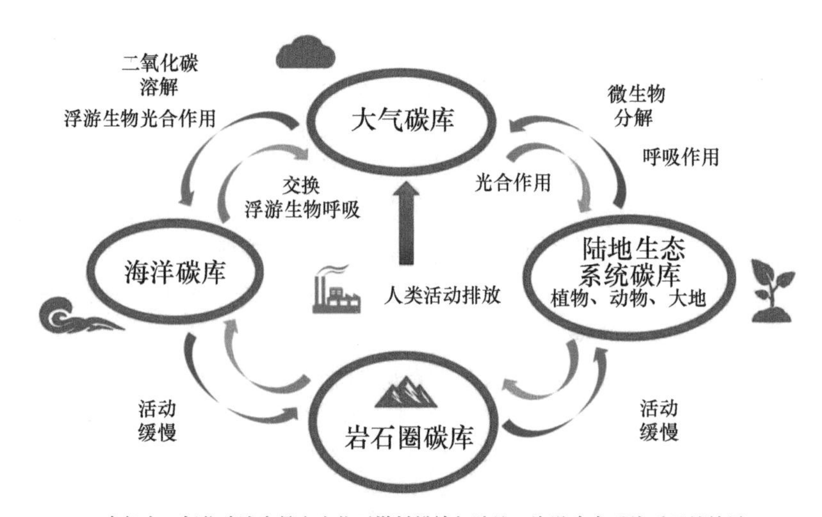

图 3-3　四大碳库及其相互之间的关系

2. 海洋碳库

海洋具有储存和吸收大气中二氧化碳的能力，可溶性无机碳含量约为 37400Gt，是大气中含碳量的 50 多倍，在全球碳循环中的作用十分重要。大气中的二氧化碳不断与海洋表层进行交换，从而使大气与海洋表层之间迅速达到平衡。正常的人类活动导致的碳排放中约 30%~50% 会被海洋吸收，但海洋缓冲大气中二氧化碳浓度变化的能力不是无限的，这种能力的大小取决于岩石侵蚀能形成的阳离子数量。由于人类活动导致的碳排放溶于海洋形成碳酸根和碳酸氢根离子的速率比海洋形成阳离子的速率大几个数量级，二氧化碳在水中的溶解度也是有限的，所以海洋吸收二氧化碳的能力是有限的。因此，在长时间维度看，随着大气中二氧化碳浓度的不断上升，海洋吸收二氧化碳的量将不可避免地会逐渐减小。

3. 陆地生态系统碳库

陆地生态系统是地球上一个重要的碳汇，占人类向大气排放二氧化碳总量的 20%~30%。陆地生态系统可以通过恢复或退化植被来增加或减少碳汇。据估算，陆地生态系统蓄积的碳量约为 2000Gt。其中，土壤有机碳库蓄积的碳量约是植被碳库的 2 倍。从全球不同植被类型的碳蓄积情况来看，陆地生态系统碳蓄积主要发生在森林地区，森林生态系统在地圈和生物圈的生物地球化学过程中起着重要的“缓冲器”和“阀”的功能，约 40% 的地下碳蓄积发生在森林生态系统，余下的部分主要储存在耕地、湿地、冻土、高山草原及沙漠半沙漠中。在生物库中，森林是碳的主要吸收者，它所固定的碳相当于其他植被类型的两倍。二氧化碳浓度升高使树木生长加快，从而形成碳汇，这些树木一般要存活几十年到上百年，然后腐烂分解形成的二氧化碳返回到大气中。因此，自然生态系统的碳蓄积和碳释放在较长时间尺度上是基本平衡的。

古代历史上，植物等造成的碳固化要多于动物正常生态活动系统造成的碳气化。但是，近现代石油、煤炭等化石燃料能源的利用以及水泥生产等工业排放以及大自然火灾是碳气化过剩的根源。人类消耗大量矿物燃料对碳循环产生重大影响。从《京都议定书》（1997 年）、《哥本哈根协议》（2009 年）到《格拉斯哥气候公约》（2021 年），生态系统碳保护和增汇都被认为是最绿色、最经济、最具规模效益的技术途径。过去几十年，中国生态环境建设取得了巨大成就，为生态碳库保护和碳汇能力提升奠定了基础，对构建当下的生态建设与固碳增汇协同的理论体系、应用技术和模式具有重大意义。

4. 岩石圈碳库

在全球几大碳库中，岩石圈碳库是最大的，含碳量约占地球上碳总量的99.9%。但是，岩石圈碳库中的碳活动缓慢，实际上起着储存库的作用。地球上的其他三个碳库（大气碳库、海洋碳库、陆地生态系统碳库）中的碳在生物和无机环境之间迅速交换，容量小但活跃，实际上起着交换库的作用。

三、碳循环

绿色植物从空气中获得二氧化碳，经过光合作用转化为葡萄糖和果糖等单糖，再合成为植物体内的蔗糖、麦芽糖等双糖以及纤维素、淀粉等多糖，经过食物链的传递，成为动物体所含的含碳有机物，即此间碳循环中碳的固化。植物和动物的呼吸则再次释放二氧化碳，即此间碳循环中碳的气化。动物的呼吸作用把摄入体内的一部分碳转化为二氧化碳释放入大气，另一部分则构成生物的机体或在机体内储存。动物和植物死后，残体中的碳通过微生物的分解作用成为二氧化碳而最终排入大气。大气中的二氧化碳这样循环一次约需20年。另外，一部分（约千分之一）动物、植物残体在被分解之前即被沉积物所掩埋而成为有机沉积物。这些沉积物经过悠长的年代，在热能和压力作用下转变成矿物燃料——煤、石油和天然气等。当它们在风化过程中或作为燃料燃烧时，其中的碳会被氧化成为二氧化碳排入大气。

在全球碳循环中，大气圈与陆地植物群落间的二氧化碳交换量最大，其次是大气与海洋之间。很多研究表明，陆地碳生物碳循环对于大气二氧化碳浓度上升有着重要影响。很多研究也表明，大气中二氧化碳浓度是人为化石燃料排放与陆地、海洋生态系统吸收两者平衡的结果。通俗地讲，当陆地生态系统的碳吸收量大于排放量时，该系统就成为吸收大气二氧化碳的碳库；反之，则为碳排放源。当各个国家陆续进入工业社会后，大气中的二氧化碳浓度快速增加，陆地生态系统的吸收量不能同步匹配吸收，那么大气中的以二氧化碳为代表的温室气体浓度就会快速增大，从而导致过度的温室效应。

【课堂实践】 双碳知识竞赛

按每组5~6人将学生进行分组，请各小组学生根据本节学习的内容，各准备10道选择题汇总后形成题库，各小组采取抢答的方式开展知识竞赛。

第三节
能源使用与碳排放

【学习目标】

1. 了解人类能源使用变革历史。
2. 了解化石能源革命后碳排放快速增加情况。
3. 理解碳排放增加对气候的影响。

【能力目标】

1. 能够梳理碳排放源头并进行分类。
2. 能够梳理清洁能源并进行分类。

【素养目标】

培养在生活中使用清洁能源的意识。

【课堂知识】

一、人类发展史上的能源革命

人类发展史上的每次社会生产力迭代都和能源革命息息相关，可以说，技术的发展推动了能源利用的效率，能源利用的效率提升带动了人类社会的迭代发展。纵观人类历史，从最初的钻木取火到现在的能源互联网时代，人类的历史是一部不断认识和利用自然能源的历史，一部从不断努力解决生存问题到努力寻求高质量发展的历史。

1. 柴薪时代："钻燧取火"开启了人类支配自然力的历史进程

钻木取火是人类在能量转化方面最早的一次技术革命。从利用自然火到利用人工火的转变，是人类的第一次能源革命。

火是人类掌握的第一项技术。恩格斯在评价火的作用时说："摩擦生火第一次使人支配了一种自然力，从而最终把人同动物分开。"薪柴是人类第一代主体能源。如图 3-4 所示，人类学会用火之后，就进入了柴薪时代。人们可以用火煮食和取暖，并可以在夜间活动，火也被用于煅烧矿石、冶炼金属、制造工具，极大提升了当时人类的生存条件，使人

类走向了与其他哺乳类动物完全不同的进化之路。薪柴作为人类的第一代主体能源，贯穿从茹毛饮血的原始社会到漫长的奴隶社会、封建社会。当时人类还没有掌握把热能变成机械能的技巧，因此，柴草并不能产生动力。随着生产的发展，社会需要的热能和动力越来越多，柴草、风力、水力所提供的能量受到许多条件的限制而不能大规模使用。这种初级形式的能源利用直到 19 世纪中期都没有太大突破。在 1860 年的世界能源消费结构中，薪柴和农作物秸秆仍占能源消费总量的 73.8%。

图 3-4 柴薪时代

2. 煤炭时代：煤炭伴随着技术革新拉开工业革命的序幕

1776 年，瓦特改良了蒸汽机，从而将人类带入了工业化时代，也被称为煤炭时代，如图 3-5 所示。随着蒸汽机的发明，机械力开始大规模代替人力，低热值的木材已经满足不了巨大的能源需求，煤炭以其高热值、分布广的优点成为全球第一大能源。这也带动了钢铁、铁路、军事等工业的迅速发展，大大促进了世界工业化进程，煤炭时代所推动的世界经济发展超过了以往数千年的时间。

到了 19 世纪 70 年代，随着电磁感应现象的发现，世界由“蒸汽时代”跨入“电气时代”，由蒸汽轮机作为动力的发电机出现，煤炭被转换为更加便于输送和利用的二次能源——电能。电灯、电车、电钻、电焊机等电气产品层出不穷，直到今天，几乎在每个城市都能看到高耸入云的冷却塔，这些就是供应城市电力的火电厂。在我国，火电发电的燃料主要是煤炭。大量的煤炭被从地下开采出来后，又被通过各种交通运输的方式运到城市周边的发电厂，如图 3-6 所示。在火电厂，大量的煤炭经过燃烧转化成电能，再通过城市电网输送到千家万户。

3. 石油时代：点燃全球经济飞速发展

石油作为主力能源的崛起之路始于 1854 年，随着美国宾夕法尼亚州打出了世界上第一口油井，石油工业由此发端，世界进入了“石油时代”，如图 3-7 所示。19 世纪末，人们发明了以汽油和柴油为燃料的内燃机。这一时期起，石油以其更高热值、更易运输等特

点，于 20 世纪 60 年代取代了煤炭第一能源的地位，成为第三代主体能源。石油作为一种新兴燃料不仅直接带动了汽车、航空、航海、军工业、重型机械和化工等工业的发展，甚至影响着全球的金融业，人类社会被飞速推进到现代文明时代。同时，化石燃料大量燃烧也引发了气候变暖、两极冰川融化、极端天气突增等一系列全球性危机。

图 3-5　煤炭时代

图 3-6　煤炭时代的发电厂

图 3-7　石油时代

4. 全面开花的新能源时代

自从人类进入电能时代后，大多数能源首先转化为电能来使用。煤炭、石油和天然气作为化石能源，是埋藏在地下和海洋下的不能再生的燃料资源，长期依赖使用会有资源枯竭的一天。同时，化石燃料在燃烧过程中都要放出二氧化硫、一氧化碳、烟尘、放射性飘尘、氮氧化物、二氧化碳等，化石燃料含硫，污染空气，会导致呼吸道疾病。燃烧化石燃料释放的二氧化碳是人为活动所造成最多的温室气体。发达国家在工业化初期，由于大量燃烧煤炭而付出了沉痛的代价。于是各个国家的科学家都在积极寻找新的可再生的清洁能源。

随着技术的突破，水能、风能、核能、太阳能都被转换成了电力。长距离输电技术的突破，使水力发电可以逐渐形成规模。1951 年，美国首次利用核能发电成功；1979 年，美国建成了世界上最大的风力发电风车；1992 年，日本实现了光伏发电系统同电力公司联网，光伏、风能、核能以及可燃冰、氢能源等新能源也快速崛起，全球进入新能源时代，如图 3-8 所示。

图 3-8 新能源时代

相比于化石能源，我国的风能、太阳能资源丰富且分布广泛，成本优势也非常明显。但是，大部分清洁能源只能间歇式供电，例如太阳能只能白天发电，而风能和潮汐发电会时强时弱，波动很大，需要采用功率平滑措施，其中包括大电网的吸纳、需求响应，分布式储能和小型燃油器发电等，就需要一个智能电网。近十年来，随着新能源技术的快速发展，能源技术也在不断演变。风能、太阳能等的布局不断发展，成本不断下降，从智能电表到包括微电网的智能配电网，再到智能输电网、智能电网已经到了我们身边。一场席卷全球的能源互联网革命，正在逐步展开。能源的演变如图 3-9 所示。

图 3-9 能源的演变

二、全球碳排放发展情况

1. 工业革命后全球碳排放迅速提升

19 世纪中叶，全球碳排放量不到 2 亿 t，到 1900 年，全球碳排放量已经上升到 19.5

亿 t，平均每年增加 0.35 亿 t；从 1900 年开始，至 1950 年全球碳排放量约为 60 亿 t，平均每年增加 0.81 亿 t；而到了 2020 年，全球碳排放量已经达到了约 350 亿 t，平均每年增加 4.14 亿 t。从图 3-10 所示的二氧化碳的浓度数据不难看出，从 1900 年以后，随着欧美国家的发展，碳排放量逐年提升，而到 1950 年以后，全球越来越多的国家加入发展行列（包括中国），碳排放量进一步逐年提升。

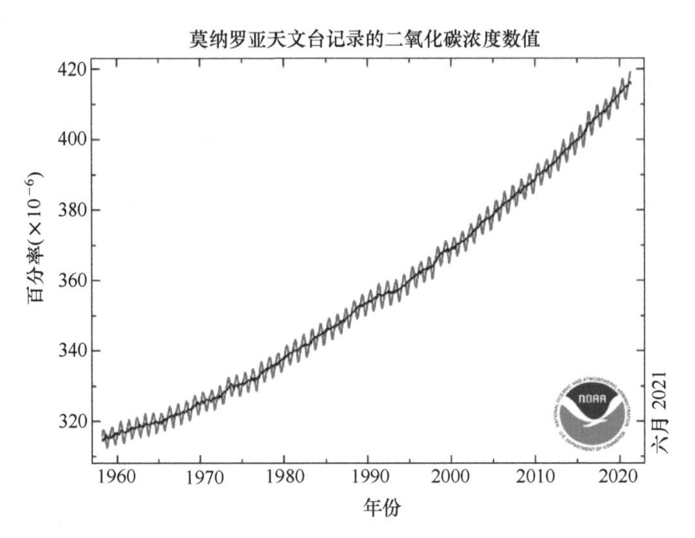

图 3-10　二氧化碳在空气中的浓度水平年度变化值

如果将工业革命以来 200 年的时间内，大气层中二氧化碳的浓度水平做一条曲线，可以看出总体趋势是呈持续上升状态的。大气层中二氧化碳浓度水平的增加，在工业革命后持续增长，尤其是近 30 年来增长趋势更为明显。根据测算，工业革命后 200 年，其浓度水平增加了 25%，而最近的 30 年，其浓度水平增加了 50%。

2. 当前大气层中二氧化碳的浓度水平

美国国家海洋和大气管理局联合斯克里普斯海洋研究所在夏威夷莫纳罗亚山上，通过仪器监测到 2021 年 5 月份大气中二氧化碳的浓度值，结果显示，浓度水平达到了月平均 419×10^{-6}。

这个数值是人类利用现代观测手段直接测量二氧化碳浓度以来（60 多年来）所达到的最高水平。科学家们将 410 万 ~450 万年前“上新世”气候最佳时期作为“本底背景”，利用间接模拟的手段，判断出目前地球大气层中二氧化碳的水平，是从“本底背景”时期以来的最高浓度。

3. 未来碳排放的严峻形势

现在，全球每年向大气层中排放的二氧化碳增量达到了 400 亿 t，而形成二氧化碳的主要来源是那些埋藏于地球深处的石化能源，即煤炭、石油和天然气。二氧化碳排放量的增加，与全球传统能量的消耗量增长趋势保持着非常稳定的正相关性。如果想要从根本上减缓和遏制全球变暖的趋势，就必须大幅度减少二氧化碳排放的增量。

三、温室效应导致全球变暖

碳排放的急剧增加，使温室效应持续加强，导致全球平均气温不断攀升。如图 3-11 所示，近 40 年来，每个十年都比前一个十年变得更暖。世界各国科学家通过长期的持续观测和探索研究，证实温室气体排放与全球气候变化之间存在直接关系。

据分析，在过去的 200 年间，二氧化碳浓度增加了 25%，地球平均气温上升了 0.5℃。

估计到21世纪中叶，地球表面平均温度将上升1.5~4.5℃，而在中高纬度地区温度将上升更多。

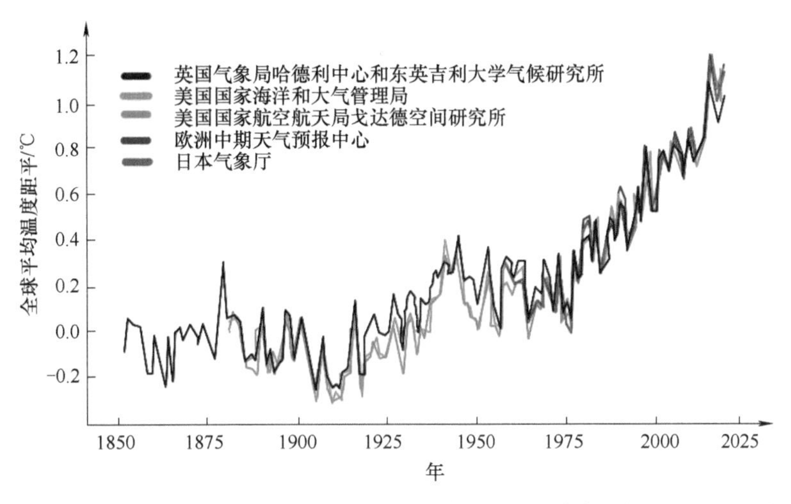

图 3-11 世界不同机构对全球气温数值的观测结果（资料来源：《中国气候变化蓝皮书（2020）》）

国际气候变化经济学报告中显示，如果人类一直维持现在的生活方式，到2100年全球平均气温将有50%的可能会上升4℃。如果全球气温上升4℃，地球南极和北极的冰川就会融化，海平面上升，全世界40多个岛屿国家将面临被淹没的危险。此外，世界人口最集中的沿海大城市也会遭到同样的厄运，约占全世界60%的人口生活在这里。如果全球气温升高4℃，全球数千万人的生活将会面临危机，甚至产生全球性的生态平衡紊乱，最终导致全球发生大规模的迁移和冲突。

【课堂实践】 辩论赛（20~30min）

请想一想：我们已经了解了碳库、碳源、大气碳循环的基本过程，知道了化石能源使用是最大的碳排放源。人类怎样在化石能源的使用和推进经济发展间进行平衡？人类的能源使用会走向怎样的未来？

为此，将学生分成两队，针对以下题目开展辩论赛：

正方：加强“双碳”减排促进我国经济发展。

反方：“双碳”减排限制我国经济发展。

以“双碳”减排与经济发展双方促进或限制两方观点进行辩论。

要求：论点、论据、论证三层关系清晰、明了。

第四节

气候变化影响人类生存环境

【学习目标】

1. 了解气候变化带来的可能的各种灾害。
2. 理解应对气候变化就是保护人类自己。

【能力目标】

具有分析并思考气候变化专门委员会（IPCC）第六次评估报告编制内容的能力。

【素养目标】

1. 树立绿色低碳理念。
2. 建立“双碳”的全球化思维。

【课堂知识】

联合国政府间气候变化专门委员会第六次评估报告称，最近 50 年全球变暖正以过去 2000 年以来前所未有的速度发生。世界气象组织发布的报告显示，过去 50 年，由于气候变化的影响，灾害数量增加了 5 倍，灾害损失增加了 7 倍多。

一、增强的温室效应可能带来各种变化

1. 消失的冰川与城市

气温升高，冰川消退，海平面上升。气候变暖使南极、北极和永冻层冰盖以及高山冰川逐渐融化，气温升高致使海水受热膨胀，两方面因素的影响会使海平面上升的速度越来越快。100 余年来，海平面上升了 14~15cm。一项研究表明，到 2040 年海平面将上升超过 20cm，海平面上升的形势越来越严峻。海平面上升会直接导致低地被淹、海岸侵蚀加重、排洪不畅、土地盐渍化和海水倒灌等问题。如果任由温室效应继续发展，那么地球上约 90% 的滨海区会遭受毁灭性的灾害，预测 2050 年，南极、北极和永冻层冰盖以及高山冰川将大幅度融化，许多著名的沿海城市（如上海、东京、纽约和悉尼）都将被淹没。

2. 病虫灾害的加剧

温室效应会增加史前致命病毒威胁人类生命安全的概率。2020 年，美国科学家发出警告，温室效应的愈演愈烈会令南极、北极的冰层渐渐融化，冰层中被冰封的史前致命病毒可能会重见天日，如果没有相应的防疫措施和防疫技术，气候变暖很可能造成某些地区虫害与病菌传播范围扩大。那么温室效应将带来疫症恐慌，人类生命受到严重威胁。

3. 降雨不均与粮食危机

虽然在二氧化碳高浓度的环境下，植物会生长得更快速、更高大，但是全球变暖会影响大气环流，改变全球的雨量分布，使降水分布不均匀，在大陆和中高纬度的地区降水量大幅增大，而像非洲本身缺乏水的干旱地区降水量大幅度减小，严重影响各地生态平衡。就我国来说，气候的变化会造成我国北方地区雨量增大，而北方一些地区的黄土特性较松软，容易产生沙土流失，土壤中的有机质流失会严重影响农作物的生长，影响农业收成和农业发展。全球变暖不仅会影响农作物生长，更会影响农作物品质，二氧化碳浓度的升高会导致农作物品质下降。

4. 生物多样性减少，一些动物将成传说

温室效应带来的海平面上升会使滨海地区渐渐变成沼泽地区，这样会使海洋生物多样性减少，鱼类、贝壳类的数量将会锐减。海水倒灌导致江河的入海口水质变咸，破坏了淡水系统，淡水鱼类的生存空间会受到挤压，品种数目将会减少。气温升高会使生物物种迁移甚至灭绝，使生态系统遭到严重破坏，而一个地区受到了外来物种的入侵，会造成生物链的断裂，一个物种或许再也没有了天敌或者没有了食物，那样带来的只会是生态系统的紊乱。

5. 触动地球的“敏感神经”爆发不可预测的级联效应

科学家研究认为，地球气候系统中存在着 15 个“气候敏感成员”，这些成员如同地球的“敏感神经”，它们的变化可能发生在某个区域，影响范围却可能达到 1000km 以上，甚至会对半球乃至全球的气候造成影响。现已有九个敏感成员被激活，包括北极海冰面积减少、北美的北方森林火灾和虫害、格陵兰冰盖加速消融和失冰、南极西部冰盖加速消融和失冰等，如图 3-12 所示。“敏感神经”被激活将导致气候效应的“正反馈机制”发生作用，同时它们之间存在关联，一旦被突破，将触发一系列的“级联效应”，推动更多的“敏感成员”越过临界点，加剧全球气候恶化，严重威胁人类生存发展与文明存续。例如，全球气候变暖引发格陵兰冰盖加速消融和失冰，使该区域海水盐度降低，削弱大西洋环流的活动，导致其放缓，从而扰乱西非季风的稳定，致使亚马孙河干旱，同时会导致南大洋热量增加，加速南极冰层融化。

图 3-12 全球气候变暖敏感成员图谱

二、极端天气造成各种伤害

在2020年汛期，我国南方多省轮番经历了强降雨带来的洪涝灾害，像四川大渡河支流小金川和重庆的綦江上游干流还发生了超历史洪水。在2020年8月20日，三峡大坝的入库流量每秒突破了75000m^3，迎来了建库以来的历史最大洪峰，首次开启了11个孔同时进行泄洪，下泄流量每秒高达49200m^3。

2022年夏季，罕见热浪肆虐北半球。8月22日6时，中央气象台连续第11天发布我国高温最高级别预警——高温红色预警。不仅是中国，西班牙、葡萄牙、法国、英国等地均出现超40℃高温热浪，多地突破历史极值，人体健康、电力供应、农业生产、水资源等受到威胁。极端天气的程度之强、频次之高十分罕见。除短期的直接气象因素外，已有大量证据表明，这与长期的气候变化关系密切。气候变化再一次给全世界敲响警钟。

江河水位降低、森林草原火灾风险增大、农作物干旱、电力和水资源供应紧张……热浪带来的不仅是体感热，还有一系列次生灾害。异常高温外加降雨明显少于历史平均水平，欧洲多地旱情严重。“从西班牙干涸开裂的水库，到多瑙河、莱茵河、波河等主要河流水位下降，一场史无前例的旱灾正席卷近半个欧洲。”美联社报道称，欧洲大陆多数地区连续近两个月没有出现明显降水的现象，有专家称2022年遭受了“500年来最严重的干旱”。

高温干旱导致河流水位严重下降，河床裸露，航船难行。莱茵河是欧洲重要的内陆航道，流经德国、法国、荷兰、瑞士等国，素有“黄金水道”之称。德国联邦和地方的航道与航运管理机构多次预警，莱茵河下游沿岸不少城市附近的航道水位都已刷新历史最低纪录，导致航运量大幅减少，船舶实际负载量不足正常情况的一半。

在意大利波河地区，严重干旱导致稻田干涸缺水。当地农民估算，水稻收成可能会“腰斩”。德国农民协会警告说，在持续干旱的情况下，要警惕作物歉收和价格上涨的情况出现。如果不能尽快持续降雨，收成可能会减少30%或40%。

极端高温对人体健康同样构成威胁。“热会致病，热应激和高浓度地面臭氧会对健康产生严重影响。”德国医生协会主席克劳斯·赖因哈特谈到欧洲这一波热浪的影响时说。法国卫生部门警告，热浪期间民众因体温过高和脱水等原因就诊次数明显增多。

世界气象组织认为，受气候变化影响，预计未来极端高温将出现得更频繁、更强烈。该组织发言人纳利斯表示，如果温室气体排放继续上升，全球变暖幅度将会更大，目前所经历的只是“未来的预兆”。由于全球变暖程度加剧，极端高温、极端强降水等事件出现频率加快、周期缩短，原本五十年一遇的变为二十年甚至十年一遇。

诺贝尔物理学奖获得者真锅淑郎和克劳斯·哈塞尔曼的研究直观指出了温室气体排放与全球变暖之间的关联：大气中二氧化碳浓度上升一倍，全球平均气温将上升超过2℃。

我们曾经经历并且正在经历因为增强的温室效应导致的各种自然灾害和极端天气的伤害，人类能承受的或者适宜生活的温度和环境是区间极限的，极端的天气、温度太高太低或者变化太剧烈都容易出问题。洪涝灾害、江河水位降低、森林草原火灾风险增大、农作物干旱、电力和水资源供应紧张，这些不仅对我们的生产造成损失，更是对人的生存造成危害和压力。

地球本身是经过漫长的沧海桑田的变化才有了适应碳基生命生存的环境，中间也有如猛犸象、恐龙等各种生物的灭绝现象，如果我们不应对气候的变化，地球的很多地方不仅会变得不适合人类生存，还会时常出现各种影响人类生存的不确定灾害。大幅减少温室气体排放事关人类前途命运。我们要减少碳排放，减少因为人类活动导致的全球变暖，减少极端气候变化，保护地球环境，保护人类的生存。

三、扩展阅读1——碳从哪里来？

1. 碳的前世

宇宙中本没有碳元素，仅由氢、氦、锂三种元素构成的初始宇宙，甚是单调。而随后诞生的恒星则成了“元素工厂”，利用最初的元素创造出了新的元素，其中，三个氦原子核聚在一起便能生成一个碳原子核，碳元素就此诞生。

恒星的生命是有限的，大质量的恒星在死亡之际会爆发成为绚丽的星云，其内部蕴涵的各种元素也因此弥散开，宇宙中万亿个“元素工厂”如此不断制造、散播着碳元素。约46亿年前，太阳系在宇宙漫长的演化中诞生了。初生的太阳系已拥有较丰富的元素种类，各种元素在太阳系内组成尘埃、颗粒以及更大的天体，其中便包括后来的地球。然而，元素在太阳系内的分布并不均匀，地球诞生的太阳系内部区域是较重元素的“王国”，而包含碳在内的较轻元素大多已搭乘太阳风到了太阳系的外部区域，这使地球天然缺乏碳元素。

不过碳元素也并没有完全缺席，总计数十万万亿吨的碳元素在地球生长的过程中，以尘埃、颗粒和天体的形式被捕捉，并成为地球的一部分。

2. 碳的今生

大地之上的万物生灵由碳构成，构成地球生物细胞的主要元素中，碳元素是核心。推动近现代文明高速发展的化石燃料也由碳构成，它们由地球上各种生物的残骸形成。因此，地球上所有的生命都被称为碳基生命。

（1）碳的发展足迹——温室气体产生　早期的地球处处皆有火山喷发景象，与此同时，气体从岩浆中释放，它们含有大量的二氧化碳和水蒸气，并逐渐成为当时地球的大气层。二氧化碳和水蒸气都是典型的温室气体，它们可以轻易吸收地表辐射，造成温室效应，就像为地球套上了一层保温罩。

例如，阿塞拜疆的泥火山是由地下天然气在压力作用下，夹带泥浆喷出地表所形成的泥丘，在自然条件下露出地表的天然气将被氧化为二氧化碳进入大气。

生命将地球变得丰富多彩，但生命创造的有机碳循环是脆弱的，当地球发生大规模的火山爆发、当小行星无情地撞向地球、当地球突然进入寒冷时期，地球上的植物都将因为生存环境的剧变而难以进行光合作用，有机碳循环从源头上遭到了破坏，生态系统便随之走向崩溃，这便是生物大灭绝事件的原因之一。

地球历史上至少发生过五次生物大灭绝事件，历次事件的原因均无定论，但植物光合作用的降低而导致的食物链崩溃被认为是多次事件的原因之一，如规模最大的二叠纪 - 三叠纪灭绝事件，以及最为人们熟知的恐龙大灭绝事件，所幸在每次生物大灭绝后，都有幸运的物种续写地球的生命史诗，有机碳循环也会慢慢自我修复，重构地球的勃勃生机，在灭绝与重生的轮回中，人类出现并踏上通往文明的道路。

（2）碳的发展足迹——化石能源　有机碳循环的周期与动植物寿命相联系，因此仅数十年至数百年便能走完一圈，然而部分的有机碳，不甘于数百年的短途旅行，它们躲避了被微生物分解的命运，被掩埋至地层深处转变为煤炭、石油和天然气等化石燃料，参与到岩石圈的长期有机碳循环中，如图3-13所示。

（3）碳的发展足迹——二氧化碳　人类掌握了生火的本领，从此，火成了人类的工具和武器，也因此成了地球碳循环的新要素。因为使用火便是将生物中的有机碳转变为二氧化碳并排入大气的过程，受限于当时人类的数量和用火的规模，这些额外排出的二氧化碳很快便被地球碳循环调节了。在人类文明早期，二氧化碳的排放非常缓慢，在6000余年缓缓前行的农业文明中，并没有彻底颠覆地球碳循环，直到18世纪工业革命的来临。

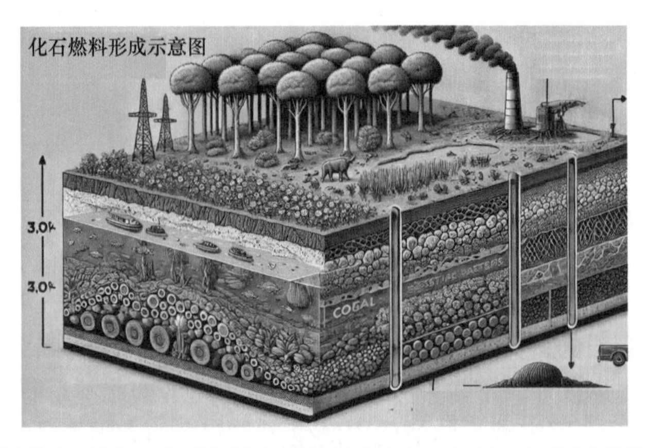

图 3-13　化石燃料形成示意图（煤炭以陆上植物形成为例，石油、天然气以海洋生物形成为例）

四、扩展阅读 2——气候变化影响：未来五十年全球 1/3 物种可能消失

联合国政府间气候变化专门委员会的第六次评估报告（AR6）警告到，全球减缓气候变化和适应的行动刻不容缓，任何延迟都将关上机会之窗，让地球的未来变得不再宜居，不再具有可持续性。报告称，如果在几十年内温度升高暂时超过 1.5℃，然后又回到变暖水平以下，可能会使许多物种超过它们的“生理耐受极限”。“这些变化可能导致生态系统崩溃或过渡到新的生态状态，从而导致生物多样性丧失，包括物种灭绝和生态系统服务的丧失，”报告补充道。在全球变暖 4℃时，超过 1/3（35%）的全球陆地表面可能会发生生物群落变化。

物种灭绝的预测取决于未来气候的变暖情况。有关专家指出：“如果人类活动造成更严重的升温，地球上可能会有 1/3 甚至一半的动植物物种灭绝。但是，如果世界各国能坚持履行巴黎气候变化协定，将全球气温升高控制在 1.5℃以内，那么，到 2070 年，地球上每十个物种中可能只有两个或更少的物种灭绝。”

【课堂实践】

案例分析：

分组开展收集并展示近 20 年全球气候变化的案例活动。全班学生分成四组，确定组长。组长负责分配任务并做最终的展示和路演。要求每个小组收集至少三个案例，并用图片和视频等形式进行内容展示。教师准备世界地图，每分享一个案例就在地图上标注一个位置，结束后共同探讨如果不控制碳排放，我们的未来会是什么样子。

第四章 全球碳责任与绿色未来

【本章导读】

通过前面章节的学习，我们了解了碳排放的一些基本概念，这有助于我们更好地理解为什么研究碳达峰、碳中和。

首先，二氧化碳是最重要的一种温室气体，二氧化碳的排放会产生温室效应，温室效应将使地球表面的温度升高，进而导致冰川融化、海平面升高和各种极端灾害天气的发生，长此以往，将严重影响人类的生存环境。于是，全球的主要国家达成共识，需要共同努力减少二氧化碳的排放。

其次，地球上碳的排放与吸收是一个循环往复的过程，既有各类生产、生活活动中产生的二氧化碳排放（尤其是燃烧化石能源产生的碳排放），也有森林、海洋、沙漠、土壤对二氧化碳的吸收和固定。我们要做的工作是减少人为的二氧化碳排放，挖掘大自然中的二氧化碳吸收能力，最终实现二氧化碳的排放与吸收达到平衡，相互抵消，这就是碳中和。

再次，人类活动中最主要的二氧化碳排放来自人类对能源的使用，为此，我们要调整能源结构，减少化石能源的使用，大力推广太阳能和风能等绿色清洁能源的使用。

道理我们知道了，就是要让企业和个人在生产和消费的活动中尽量减少二氧化碳的排放。可是，仅仅是口头的倡议没有用，要用什么样的机制来保证减少碳排放行动的开展呢？1920 年，英国经济学家庇古提出“庇古税”的概念，他建议，应当根据污染所造成的危害对排污者征税（费），用税收来弥补私人成本和社会成本之间的差距，使两者相等。以此为理论基础，碳交易、碳关税成为人们约束碳排放行为的最主要手段。

本章将通过介绍碳关税的发展历程，引导读者了解国际社会中如何开展节能减碳的合作与交流。

【开篇案例】

一、马尔代夫召开水下内阁会议

马尔代夫在 2009 年 10 月 17 日召开了全球首次水下内阁会议，总统和内阁官员在水下签署倡议书，呼吁各国采取行动应对气候变暖。马尔代夫总统穆罕默德·纳希德以及副总统等 11 位内阁官员当天穿着黑色潜水服，身背水下呼吸装置，头戴防水面罩潜至 6m 深的水下开会，如图 4-1 所示。会议历时 30min。马尔代夫国家电视台电视直播画面显示，在清澈透明的海水中，纳希德和其他与会官员坐在事先放置在水底的桌子前，大家用手势相互交流，背景是有黑白相间花纹热带鱼环绕着的白色珊瑚。纳希德和其他内阁官员开会期间，用防水笔在一块白色塑料板上写下马尔代夫发出的“求救信号”。上面写道：“我们必须像准备一场世界大战那样团结起来去阻止气温继续上升，气候变化正在发生，它威胁着地球上每个人的权利和安全。”与会人员开会前接受了两周的潜水培训，开会时有专业潜水员在现场协助。“我们正在试图让全世界的人知道现在正在发生什么，以及如果不控制气候变化将会发生什么，”湿淋淋的纳希德出水后说道。

图 4-1　马尔代夫水下内阁会议

马尔代夫群岛中 80% 是珊瑚礁岛，地势低平，平均海拔不足 1m。联合国政府间气候变化问题研究小组 2007 年警告说，全球海平面至 2100 年可能升高 0.18~0.59m，那时马尔代夫将变得无法居住。马尔代夫总统纳希德担心海平面上升构成严重威胁，曾提出想在澳大利亚、印度或斯里兰卡购买一处新“家园”，安置 33 万居民。

二、尼泊尔在喜马拉雅山举行雪山内阁会议

2009 年 12 月 4 日，尼泊尔总理和 22 位部长在喜马拉雅山海拔 5262m 的高度举行内阁会议，讨论全球变暖对喜马拉雅山的影响，呼吁人们切实采取行动，保护环境，如图 4-2 所示。12 月 3 日，尼泊尔各内阁部长已经抵达了珠峰地区的主要城镇、海拔 2800m 的卢克拉。4 日早晨，他们接受体检后到达会址。这次会议的主要议程是讨论尼泊尔总理内帕尔将在联合国哥本哈根世界气候大会上的演讲内容，会议持续了 20min。尼泊尔环境部长塔库尔·沙尔马说：“全球变暖引发冰川融化，我们希望引起全世界对这一问题的关注。”科学家指出，喜马拉雅冰川正在加速融化，而冰川融化产生巨大的湖泊可能溃决，威胁到下游居民。

图 4-2　尼泊尔雪山内阁会议

这两个案例说明，在全球范围

内，气候的变化对人类的生存产生了巨大的影响，许多国家都在以自己的方式试图唤醒全世界的关注。我们每个人作为“地球村”的一员，都有责任和义务减少碳排放、践行绿色生态文明。

【思维导图】

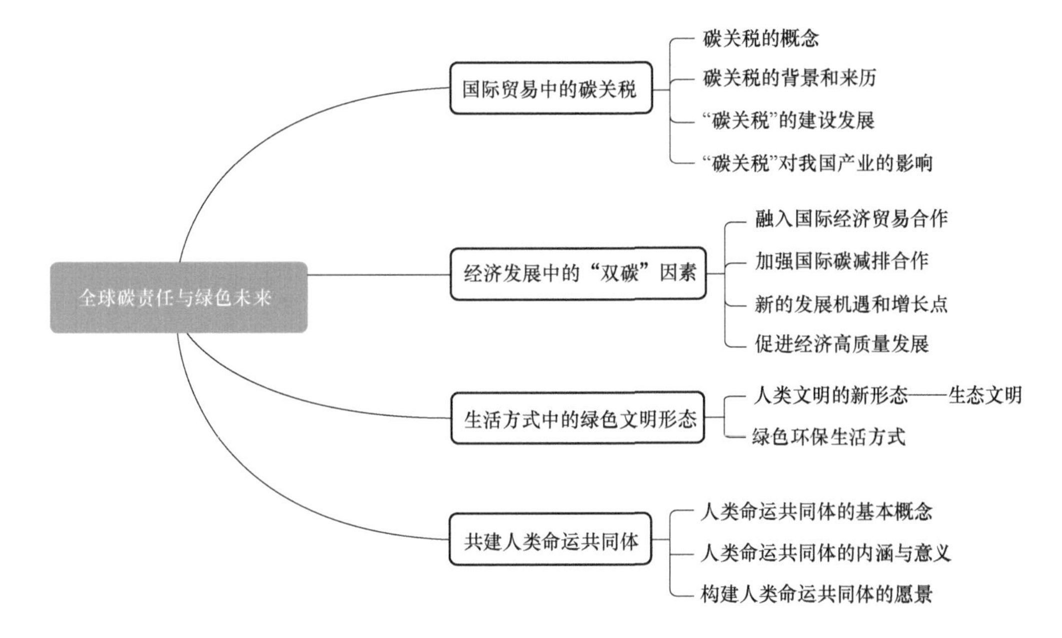

第一节

国际贸易中的碳关税

【学习目标】

1. 了解碳关税的相关概念及来历。
2. 了解碳关税与国际贸易的关系。

【能力目标】

1. 具有理解碳关税的基本内涵及作用的能力。
2. 了解我国企业应对“碳关税”的主要措施。

【素养目标】

启发学生对于政策和经济发展相关性的思考能力。

【课堂知识】

一、碳关税的概念

碳关税是指主权国家或地区对高耗能产品进口征收的二氧化碳排放特别关税。碳关税本质上属于碳的边境调节税。

边境调节税，“边境”说明是有国际贸易、商品进口的时候才会产生，“调节”是指针对不平衡的地方进行调整实现平衡。具体来讲，产品进口国对本国生产的某种高排放产品征收了碳税或者执行了某种补偿机制，按照同样标准，也要求进口到本国的同类产品按照同样的标准征收碳税或者执行某种补偿机制。换句话说，通过调节商品所含碳排放量在本地区边界内、外的定价差异，实现“碳平价”。

所以，也可以理解为碳关税就是对在国内没有征收碳税或能源税、存在实质性能源补贴国家的出口商品征收特别的二氧化碳排放关税。它是发达国家对从发展中国家进口的排放密集型产品，如铝、钢铁、水泥和一些化工产品征收的一种进口关税。碳关税从某种意义上讲，也是谋求碳排放成本的摊平的机制设计。

课税的产品一般都是高耗能产品，如铝、钢铁、水泥和一些化工产品。课税依据一般

是按照产品在生产过程中排放碳的数量来计征的，主要以化石能源的使用数量换算得到。

二、碳关税的背景和来历

1. 共同但又区别的减排责任

《联合国气候变化框架公约》《京都议定书》《巴黎协定》是国际减排合作以及减排行动的重要文件，这些文件贯穿着一个思想：对于全球减排任务和行动要采取公平原则。由于发达国家历史累积排放多，能源使用技术先进，经济发展得好，责无旁贷地应该承担更多的减排任务，更早地开展减排行动；发展中国家历史累积排放少，因为技术的落后使能源使用效率较低，经济欠发达，其首要的任务是发展技术、发展经济，消除贫困。

基于历史责任和当代责任的公平视角，1992 年签署并于 1994 年生效的《联合国气候变化框架公约》关于公约原则部分明确提出，各缔约方应当在公平的基础上，根据它们共同但有区别的责任和各自的能力，为人类当代和后代的利益保护气候系统。因此，发达国家缔约方应当率先应对气候变化及其不利影响。

全球减排是共同的目标和责任，但是基于历史与当代责任的公平性，发达国家带头首先减排，发达国家同时要向发展中国家提供必要的帮助。《联合国气候变化框架公约》有附件一、附件二国家和非附件一国家两个序列，附件一国家主要是发达国家和转型国家，附件二国家主要是经合组织成员，他们要承担自身先期减排和帮助发展中国家减排的责任。非附件一国家即发展中国家。发展中国家缔约方能在多大程度上有效履行其在《联合国气候变化框架公约》下的承诺，将取决于发达国家缔约方对其在《联合国气候变化框架公约》下所承担的有关资金和技术转让的承诺有效履行，发展中国家缔约方的首要和压倒一切的优先事项是发展经济和社会及消除贫困。

根据《联合国气候变化框架公约》签署的《京都议定书》，延续了以上原则，并且做了一些具体的行动安排。首先，《京都议定书》确定的减排目标是在 2008 年—2012 年承诺期内温室气体的全部排放量相比 1990 年水平至少减少 5%。其次，根据共同但有区别的责任原则，它把缔约国分为 38 个工业发达国家（称为附件一国家）和 103 个发展中国家。发达国家在 2012 年之前要率先承担起减排责任，完成具体的减排额定，欧盟必须完成 8% 的减排指标，美国完成 7% 的指标，日本、加拿大完成 6% 的指标。再次，通过建立清洁发展机制，建立发达国家与发展中国家之间的减排合作机制。发达国家通过提供资金和技术的方式与发展中国家开展项目级的合作。合作的项目实现的“经核证的减排量”（Certified Emission Reductions，CERs），可用于发达国家缔约方完成在《京都议定书》第三条中关于减少本国温室气体排放的承诺。在这个合作中，发达国家缔约方输出技术和资金，获得发展中国家的减排量用于完成自己在《京都议定书》中承诺的减排量。发展中国家可以获得资金和技术，更好地实现可持续发展。清洁发展机制被公认为是一项“双赢”机制，它解决了发达国家的减排成本问题和发展中国家的持续发展问题。对于发达国家来讲，能源结构的调整、高耗能产业的技术改造和设备更新以及大面积植树造林活动的推广，都需要高昂的成本，甚至付出牺牲 GDP 的代价。根据日本 AIM 经济模型测算，在日本境内减少 1t 二氧化碳的边际成本为 234 美元，美国为 153 美元 /t 碳，经合组织中的欧洲国家为 198 美元 /t 碳，当日本要达到在 1990 年的基础上减排 6% 温室气体的目标时，将损失 GDP 发展量的 0.25%。而当发达国家内部实行排放贸易时，边际减排成本可降为 65 美元 /t 碳，实施全球排放贸易时，边际减排成本降为 38 美元 /t 碳，实行 CDM 机制后，减排成本还可以进一步下降。如果是在中国进行 CDM 活动，可降到 20 美元 /t 碳。

2015 年 12 月 12 日，在巴黎召开的缔约方会议第二十一届会议上通过的《巴黎协定》也秉承了“共同但有区别的责任”原则。在《巴黎协定》的第四条中有规定：发达国家缔约方应当继续带头，努力实现全经济范围绝对减排目标；发展中国家缔约方应当继续加强它们的减缓努力，鼓励它们根据不同的国情，逐渐转向全经济范围减排或限排目标。

不管是《联合国气候变化框架公约》，还是《京都议定书》《巴黎协定》都认同和遵循了“共同但有区别的减排责任”原则。因此，发达国家带头减排，不应该以发展中国家也采取同样的减排行动作为前提。

2. 国际贸易的“碳泄漏”

20 世纪 90 年代，由于国际生产分工加速发展，许多高排放产品和产业从发达国家转向新兴和发展中国家。其主要的转移方式有三种，一是能源产品的国际贸易，比如石油、天然气贸易；二是能源密集型产品的国际贸易，如钢铁、水泥等产品的国际贸易；三是能源密集型产业的转移，如煤炭开采和洗选业、石油和天然气开采业、石油粗加工和炼焦业、化石燃料及燃气供应业等行业的企业的转移。许多发达国家认为，随着以上三种转移，会由于碳转移而出现“碳泄漏”。他们国内的减排力度越大，碳转移的力度就越大。

所谓“碳泄漏”就是指对于严格执行碳减排计划的国家或地区，其区域产品生产活动（尤其是高耗能产品）可能转移至其他未采取严格碳减排措施的国家或地区。因为“碳泄漏”，将导致欧盟国家在减少国内碳排放的同时，进口商品的碳排放量却在增加，这些本来应该在其他国家被控制的碳排放转移到欧盟国家，抵消了欧盟为温室气体减排做出的努力。由于碳转移或“碳泄漏”的存在，全球总排放量增速不仅没有降低，反而加快了。“碳泄漏”不仅发生在附件一国家和非附件一国家之间，由于部分附件一国家并未完全履行减排义务，“碳泄漏”也发生在附件一国家之间。更重要的是，发达国家认为能源密集型产业的国际转移不仅造成“碳泄漏”，还造成了产业安全问题。钢铁、金属、化工、水泥、农业等高排放行业也是国家经济安全的支柱产业，如果减排压力导致整个行业外移，将导致附件一国家面临严重的经济安全问题。

在这样的背景下，在《京都议定书》正式生效后的第二年（也就是 2006 年）11 月召开的联合国内罗毕气候变化大会上，时任法国总理多米尼克·德维尔潘建议，对没有签署《京都议定书》国家的工业产品出口征收额外关税，首次提出碳关税。这个提议的用意是希望欧盟国家应针对未遵守《京都协定书》的国家征收商品进口税，否则在欧盟碳排放权交易机制运行后，欧盟国家生产的商品将遭受不公平的竞争，特别是境内的钢铁业及高耗能产业。

三、“碳关税”的建设发展

1. 欧盟碳关税

（1）欧盟碳边境调节机制（CBAM）法规案文正式发布　碳关税从提出到成为政策，在欧盟经历了一个相当长的争论过程。支持者认为，必须惩罚那些减排不力的国家，保卫欧盟的减排成果。反对者则担心，由此所遭到的贸易报复将远大于税收带来的好处。由于欧盟成员在减排和贸易问题上利益不一致，争论一直没有结果。法国是欧盟碳关税的积极推动者，马克龙总统上台后抓住美国退出《巴黎协定》、英国退出欧盟、德国立场转向和欧盟委员会换届的关键窗口，联合德国一举推动碳关税走上了立法进程，见表 4-1。

2023 年 5 月 16 日，CBAM 法规案文被正式发布在《欧盟官方公报》（Official Journal of the European Union）上，标志着 CBAM 正式走完所有的立法程序，成为欧盟法律并于 2023 年的 10 月 1 日起开始实施。

表 4-1 CBAM 的立法程序

2019 年 12 月	2021 年 7 月	2022 年 5 月	2022 年 6 月	2022 年 12 月	2023 年 2 月	2023 年 4 月
欧盟委员会发布《欧洲绿色协议》，首次正式提出建立 CBAM	欧盟委员会公布 CBAM 的第一版立法草案	欧洲议会 ENVI 委员会公布 CBAM 的第二版法案	欧洲议会对草案内容提出修订意见	三方会谈达成临时协议	欧洲议会 ENVI 委员会通过并公布协商文本	欧洲议会正式通过新的 CBAM 规则

CBAM 的基本逻辑是在欧盟碳排放交易系统（EU ETS）下，欧盟境内的生产者需要为其二氧化碳的排放支付费用。为了使欧盟进口的产品承担同样的碳排放成本，欧盟引入了 CBAM。

（2）CBAM 征收时间表 根据目前公布的时间安排，自 2023 年 10 月起，CBAM 启动过渡期，仅要求进口商提交产品的相关碳排放数据，尚不需缴纳费用，也等于是迫使企业开始清楚计算其产品的碳足迹。

2026 年起：过渡期结束，付费制的 CBAM 开始启动，初期仅涵盖若干产业，但有可能扩大到其他产业。

2027 年年底前：欧盟执委会将对 CBAM 进行全面评估，范围包括气候变迁国际协议的进展、对发展中国家进口到欧盟的影响。

2034 年：随着欧盟碳排放交易系统内部的免费配额全部取消，全面性的 CBAM 启动。

（3）地域豁免 采用欧盟碳排放交易系统的国家（冰岛、挪威、列支敦士登）或与欧盟碳排放权交易系统相通的国家（瑞士）将豁免于 CBAM。欧盟未来将进一步完善其他第三国的豁免机制。

（4）CBAM 覆盖行业、范围、计算方式

1）产品清单：钢铁、铝、水泥、化肥、化工（氢）、电力六大门类多种产品，包括钢铁、铝、水泥、化肥几乎所有主要环节初级产品、中间产品、下游产品。

2）核算范围：直接碳排放 + 间接碳排放（外购电力）。

在 CBAM 议案中，欧盟将进口的产品区分为简单产品和复杂产品，并以不同的方式进行计量，具体如下：

简单产品（Simple Goods）即生产制造过程中仅需要使用隐含碳排放量为零的材料和燃料的产品，例如直接以自然界中材料进行加工的产品。这样的初级品例如食物、饮料、烟类、矿物燃料等。简单产品的碳排放量为其生产过程中的直接和间接排放总量。

复杂产品（Complex Goods）即生产制造过程中需要投入简单产品进行制造的产品。一般而言，工业产品都是复杂产品。复杂产品的碳排放量为生产过程的碳排放量和所消耗的简单产品隐含的排放量之和。

在计算进口产品的碳排放量时，如果无法确定实际排放量，则依次通过以下方式进行计算：

① 以出口国的平均排放强度的默认值计算。

② 如果无法获得出口国的可靠排放强度数据，则取欧盟表现最差的 10% 的平均排放强度作为默认值进行计算。

截至目前，欧盟尚未就隐含排放量的具体计算方式、具体排放范围边界等问题进行详细规定，有待后续进一步出台实施细则。

（5）管理机构与申报流程 过渡期内，欧盟进口商须遵守信息申报要求，但尚无须购买 CBAM 证书。欧盟进口商提交的 CBAM 申报需要披露以下内容：①进口 CBAM 产

品的数量；②这些产品的内含碳排放量；③已经在原产国为内含碳排放支付的碳价（如适用）。

在 CBAM 全面实施后，欧盟进口商将被要求购买与进口 CBAM 产品的内含碳排放量相对应的 CBAM 证书。CBAM 费用清缴由欧盟设立统一的执行机构负责。欧盟进口商需向该执行机构申请获得 CBAM 征收范围内产品的进口申报资格，经批准成为“授权申报人”后才能开展相关进口产品的数据申报和费用清缴。每个授权申报人在 CBAM 管理系统中拥有一个独立账户。清缴时间节点是在第二年的 1~5 月期间统一结算。

CBAM 全面生效后，其关键要素包括：

1）授权申报人：CBAM 产品必须由获得授权的申报人进行海关申报以完成清关。欧盟进口商在进口 CBAM 产品前必须获得国家主管部门的授权。

2）CBAM 申报：欧盟进口商每年 5 月 31 日前必须提交上一年度进口产品数量及其经验证的总内含排放量的 CBAM 申报。进口商品包含的排放量将根据生产设施生产的每吨商品的直接温室气体排放量计算。

3）CBAM 证书：欧盟进口商必须购买与其进口商品内含排放量相对应的 CBAM 证书，内含排放量可以使用经验证的实际值或默认值（取两者较低者）。

4）在原产国已经支付的碳价：对于在原产国已经支付的碳价，CBAM 证书可以相应减少，但需经独立机构进行认证。

年度清缴完成后，CBAM 执行机构应回购申报人账户上多余的 CBAM 证书，回购价格为申报人购买时支付的价格，回购数量上限为申报人在上一年度购买 CBAM 证书总数的 10%。若回购后，申报人账户上仍有多余证书，则由 CBAM 执行机构在 7 月 31 日前清零。申报人若未完成 CBAM 清缴义务，则将受到处罚，需补足未交的 CBAM 证书，且根据上一年度 CBAM 证书平均价格的 3 倍缴纳罚款。

如图 4-3 所示，从流程上讲，一般进口商才是申报人，需要承担碳关税的是欧盟进口商，但是进口商会要求原产国出口商出具相应的资料，如果增加碳关税后，进口产品价格没有优势，那么进口商会放弃采购。

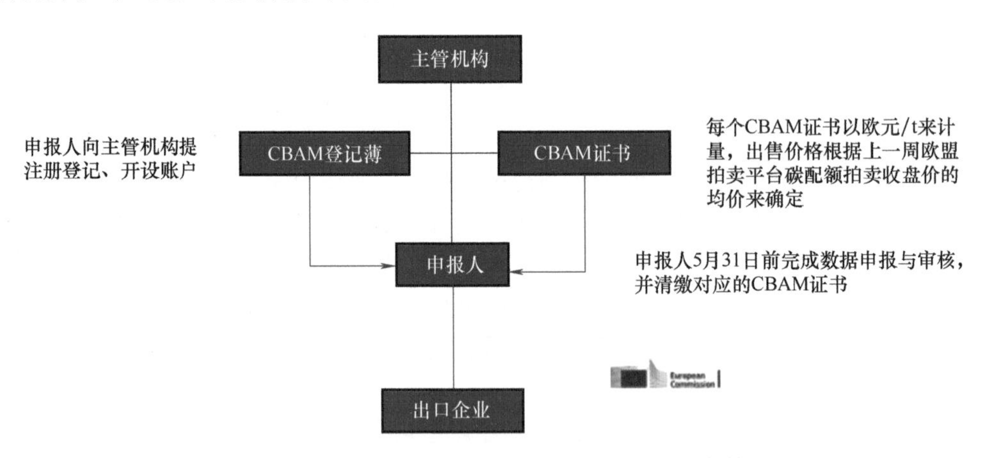

图 4-3 申报流程

2. 美版“碳关税”

2022 年 6 月，美国《清洁竞争法案》（以下简称 CCA）草案公布，向外界展示了美国“碳关税”的雏形。其征税的基本逻辑是以美国产品的平均碳排放水平为基准，对碳排放水平高于基准的进口产品和本国产品征收碳税。美版 CCA 相较于欧盟 CBAM，可以认为是脱离了碳排放权交易市场的另一种碳关税的形式。

征收时间：2024 年开始。

征收标准：对碳排放水平高于基准线值的部分征收 55 美元 /t 的碳税，之后每年在上一年碳税价格上按照通货膨胀率叠加 5% 进行上浮。

征收范围：2024 年和 2025 年，CCA 征收的范围将覆盖 21 个行业的产品。从 2026 年开始，对进口产品的征税范围将进一步延伸至下游制成品，如进口产品含有 500lb 以上 CCA 纳管产品也将征税。到 2028 年，这一标准将收紧至 100lb。

在进口产品碳排放水平核定层面，如果进口商品原产国具备透明的、可核验的且可信的碳排放信息，且该国是"透明市场经济体（Transparent Market Economy）"，美国将承认该产品的碳排放信息。否则，将采用原产国行业产品的平均碳排放强度。如果原产国的排放数据不可靠或无法验证，则采用该国整体碳排放强度。

从整体上看，美国 CCA 提案还处于初级阶段，距离形成正式文本还有一段距离，也存在部分监管漏洞和不明确的地方，例如如何定义"透明经济体"、是否豁免已经在出口国进行碳排放履约的产品等。但该法案能侧面反映美国在建立自己"碳关税"制度上的设计思路和机制雏形。

从目前的版本看，美版"碳关税"相较于欧盟 CBAM 实现了与碳排放权交易市场的脱钩，这与美国尚未建立全国碳排放权交易市场的国情有关。尽管美国 CCA 与欧盟 CBAM 征收机制不同，但也体现了实施"碳关税"对于保护和发展本国制造业的积极作用。

四、"碳关税"对我国产业的影响

1. 欧美碳关税影响出口企业成本

碳关税征收导致我国出口企业生产成本的提高，势必会间接影响我国企业出口产品的国际竞争力。以近期欧盟碳排放权交易市场 90 欧元 /t 的碳价为基准，如果进口适用 CBAM 的商品中包含 1t 碳排放量，那么进口商就需要以 90 欧元的价格购买一张证书，这意味着，进口商的进口成本会相应增加 90 欧元。如果进口商品在出口国已经为其隐含的碳排放支付了碳价，那么已经支付的碳价可以从中抵减。和欧盟相比，我国的钢、铝生产碳排放较高，并且钢、铝行业尚未纳入我国碳交易市场，在计算有关进口商品须购买的 CBAM 证书时，没有可供抵减的已支付碳价，因此 CBAM 的实施会直接造成我国钢铁、铝等相关产品出口至欧盟的成本上升。国内某钢铁上市公司在其《2021 年气候行动报告》中指出，欧盟推出的碳关税举措将影响该公司未来产品的出口，若按照 80 欧元 / 吨二氧化碳征税预估，该公司每年将被征收 4000 万 ~8000 万欧元（约合人民币 2.82 亿 ~5.64 亿元）的碳边境税。

2. 对外贸企业数字化的碳管理要求提高

在 CBAM 的计算方法中，计算进口产品的碳排放量时，如果无法确定实际排放量，则依次通过以下方式进行计算：

1）使用基于出口国平均排放强度的默认值，并根据一个"放大系数"进行上调。

2）如果无法获得来自出口国的可靠数据，则以被设置为欧盟表现最差的 10% 设施的平均排放强度作为默认值进行计算。

基于 CBAM 设立了两年的过渡期，因此在这两年里，外贸企业应抓住时机，加快推进数字化的碳排放采集、分析和管理系统，并按照 CBAM 的核算标准和方法对 CBAM 适用产品进行碳盘查，同时加强与欧盟进口企业的协调。企业要从 CBAM 的角度分析和评估产品的碳足迹，寻求供应链和价值链减碳的可能性，同时，结合我国 2030 年前碳达峰目标要求，制定相应的减碳策略，改进和完善企业碳排放管理机制。

3. 对清洁能源和绿电的需求增加

增加对产品间接排放的核算，就需要核算产品生产过程中外购的电力产生的碳排。这将增加绿电的消费需求。对于中国的出口型企业而言，使用绿色电力可以降低企业的间接排放量，从而降低企业的 CBAM 成本。

4. 对中国碳排放权交易市场建设的发展要求加快

欧盟碳关税的征收，大致可以用以下公式表示：

CBAM= 碳含量 ×（欧盟碳价 – 出口国碳价）

通过这个公式可以看出，碳关税由产品碳含量、欧盟碳价格和出口国的碳价格三个变量组成。

碳含量是出口国上报的产品“范围一”的能源消耗数据核算出的碳排放。产品碳含量可以依靠提高低碳技术来降低。

如果出口的产品是 CBAM 覆盖的范围，同时也是国内碳排放权交易市场覆盖的范围，如果国内碳价也能覆盖欧盟碳价格，就可以将出口企业需要缴纳的碳关税完全留在国内。所以，扩大国内碳排放权交易市场的覆盖范围、增加有偿配额比例以及降低中欧碳价差距，可以有效地将出口企业需要缴纳的碳关税留在国内。当然，国内碳排放权交易市场的建设也需要与整体产业的承受水平进行有效的平衡。未来几年将是中国碳排放权交易市场建设的关键时期，也是与国际接轨的关键时期。

5. 对环保技术的发展提出更高要求

CBAM 机制实际上是一种环保税收机制，通过对进口产品的碳排放量进行计算，对不同国家或地区的企业实施不同的碳关税，从而达到对碳排放的管控和减排的目的。这意味着，出口企业需要对自身的碳排放量进行核算和管理，加大环保投入和研发，推进产业升级和转型升级，从而提高企业的环保水平和国际竞争力。此外，CBAM 机制也刺激出口企业向低碳、绿色生产方式转型，促进环保技术的研发和应用。

6. 推动全球碳减排合作进程

CBAM 机制的出台，一方面体现了欧盟在全球减排合作进程中的积极参与和贡献，另一方面需要各国共同协作和努力，推动全球碳减排合作进程的加速发展。对于我国而言，需要加强与欧盟和其他碳减排主体的沟通和合作，共同制定碳减排目标和路线图，推动全球碳减排合作进程向更加深入和广泛的方向发展。

【课堂实践】

1. 以小组为单位，搜索欧盟 CBAM 最新的覆盖产品清单，查找有没有与目前自己所学专业相关的产品。思考和讨论产品的生产商应怎样做好碳关税成本的控制和管理。

2. 思考和讨论：欧盟 CBAM 实施，与《京都议定书》所提出的“共同但有区别的责任”是不是矛盾的。

第二节

经济发展中的“双碳”因素

【学习目标】

理解“碳达峰、碳中和”对经济发展的促进作用。

【能力目标】

具有了解“双碳”工作在哪些方面带来经济的发展机会的能力。

【素养目标】

启发学生思考在“双碳”背景下寻找新的经济热点。

【课堂知识】

一、融入国际经济贸易合作

欧盟“碳关税”的执行，短期内可能让中国在内的发展中国家的出口成本增加，也会对国际贸易和经济发展有一定的影响。所以，中国企业需要适应新的税收体系，需要对其生产过程进行调整和优化，减少碳排放，避免额外的税费。

欧盟的“碳关税”和欧盟碳排放权交易紧密相关，目的就是将同类产品包含的碳排放成本拉平。欧盟生产的产品通过欧盟碳排放交易市场体系支付排放成本，进口产品通过“碳关税”支付同等的成本。如果向欧盟出口的原产国产品已经在本国内支付了同等的排放成本，那么进口商就不用再支付“碳关税”了。

二、加强国际碳减排合作

人类的二氧化碳排放主要来自交通、冶炼、建筑、电力和日常生活等领域，而这些领域都与基本的生产和生活紧密相关。可以说，我们生产、生活中的产品都直接或者间接包含了碳排放，这个碳排放又通过碳排放权交易市场和国家间的碳关税逐步地在政策经济方面体现落实。《联合国气候变化框架公约》《京都议定书》等一系列碳减排的国际合作都

对各个缔约国明确了减排量。缔约国要完成这些减排量，就需要通过各种措施在多方面进行落实。各种经济、政策的措施最后都会蔓延到生产企业以及居民的生活中。企业要么支付成本提高减排能力，要么为碳排放指标直接支付成本，这些从微观层面来讲都和成本和经济生活紧密相关。

不同的国家和地区间生产的产品，因为碳减排的国际合作、碳排放权交易以及碳关税等各种协议和制度，必将变化一个宏观的经济合作问题。碳排放量的统计确认需要彼此认可的明确标准和流程，而标准和流程的互通互认，则需要一个协商沟通和政策制定的过程。排放量的数据采集和确认还需要采用完善的数字技术工具，这就会涉及技术和项目的合作。碳排放权交易的机制会让各个国家或者地区内部经济体之间、内外部经济体之间出现与碳排放权、碳排放成本相关的交易与合作。所以，国家间的碳减排合作必然会是一个宏观层面的政策与经济的问题。

在这样的国际合作背景下，我国适时提出“双碳”目标，也是在政策和经济上做好国际合作、促进国际贸易的准备。

三、新的发展机遇和增长点

有些人把“双碳”工作仅理解为节能减排，认为“双碳”目标工作就是要控制能源消耗，从而不可避免地要限制经济发展。这种理解是有失偏颇的，“双碳”工作短期内可能对某些具体领域有些限制，但是从长期发展角度看，却能带来更多的发展机遇和经济增长点。

要完成“双碳”目标，必然需要在新能源开发以及各种技术节能改造方面投入大量的资金，发展很多新的项目，这些必将带动新的经济增长点。《中国投资发展报告（2022）》预计未来30年我国能源、工业、建筑、交通等部门低碳化带来的累计投资需求将超过百万亿元。清华大学气候变化与可持续发展研究院《中国长期低碳发展战略与转型路径研究》报告认为，实现1.5℃目标导向转型路径需新增投资约138万亿元，超过每年GDP的2.5%。据国家气候战略中心测算，为实现碳达峰、碳中和目标，到2060年，我国新增气候领域投资需求规模将达约139万亿元，年均约为3.5万亿元，占2020年GDP的3.4%和全社会固定资产投资总额的6.7%左右。

“双碳”领域的重点投资领域和方向大概有以下几个重点方向：

一是“双碳”目标将引领能源转型投资。我国要实现碳达峰碳中和目标，关键是通过投资实现能源结构的调整，在此过程中将出现更多的新技术和新模式，带来更多的投资机遇。持续加大新能源和可再生电力对传统煤电等石化能源电力的替代，减少一次能源中化石燃料的占比，增加水电、风电、太阳能光伏等可再生能源的利用，推进煤电清洁高效低碳转型，建设与新能源和可再生能源特征相匹配的能源储运设施；加快制氢、储氢、运氢的全产业链投资。还有智能电网的发展建设新机遇，包括智能电网、储能、燃煤机组灵活性改造、智能终端等领域等。在传统能源清洁利用技术的投资利用以及煤炭清洁利用（包括燃煤发电和现代煤化工）等方面，投资和发展的空间巨大。目前，中国已建成全球规模最大的碳排放权交易市场和清洁发电体系，中国可再生能源的装机容量已超过煤电。据中国国家能源局数据，截至2022年年底，中国可再生能源装机达到12.13亿kW，其中，中国的风电光伏装机容量已经超过了1.2亿kW，是全球最大的风电市场之一。同时，中国也是全球最大的太阳电池板制造国。

二是“双碳”目标将激发工业创新投资。节能减排离不开对能源消费部门的改造，而能源生产的清洁化、电气化将带动能源消费的电能替代与能效提升，促进产业结构升级和能效提升。

工业领域技术升级及节能减排。投资加快加强工业部门电气化替代，以电力替代煤炭、石油等化石能源的直接消费；加大技术研发，发展原材料或替代燃料，诸如，发展用氢作为还原剂的零碳炼铁技术；加快新技术的使用，促进工业生产部门的低碳节能改进，调整优化技术和工艺路线，提高系统能源利用效率。

绿色建筑领域投资。随着建筑总量的增加和人民生活水平的提高，建筑能耗总量和占全国终端能耗的比例均将呈增加趋势。要强化建筑节能标准，改进北方建筑绿色供暖方式，增建储热设施，发展分布式智能化可再生能源网络，实现热电气协同；改造房屋夏季空调体系，推动全国现有建筑节能改造，提高设备系统效率，以低碳节能与健康居住为导向，用高科技打造低碳宜居建筑、宜居环境。

农村生物质资源在供热、供气、供电领域的商业化利用还将投资扩大，采用新技术手段，设计农村农业领域的低碳生产、碳捕捉及回收利用循环发展路径。

投资统筹交通基础设施空间布局以及新能源车的发展。需要对交通基础设施领域加大能源效率利用提升的投入，促进资源集约高效利用，优化交通运输结构，提升绿色交通分担率，推进绿色交通装备标准化和清洁化，加快充电基础设施建设，打造智能交通基础设施和无人驾驶产业链。在全球减排的背景下，无论国内还是国外，新能源汽车迎来了黄金发展时期。新能源汽车是我国重点投资和打造的行业赛道，新能源汽车的整车品牌、充电桩和电池电机电控等领域随着产业发展将会产生出更多“独角兽企业”。

三是“双碳”目标将助力数字科技投资。“双碳”目标与数字科技的发展相得益彰，数字科技是经济提质增效、绿色低碳发展的新变量，“双碳”目标引导数字科技与实体经济深度融合，打造经济发展的绿色基因。未来，能源互联网、智慧城市等数字基础设施方面的投入将持续加大，新的数字技术和商业模式将不断涌现。因此，云计算、物联网、硬科技、智慧能源、虚拟工厂等底层技术及其应用领域也都将随着“双碳”目标工作而深入发展。

四是“双碳”目标工作将带动绿色金融服务体系的发展。绿色信贷、绿色债券、绿色产业基金、绿色担保、绿色补偿等金融产品工具，各类资源为“双碳”领域投资提供资金支持，还有财政贴息、税收优惠、风险补偿、信用担保、中央银行再贷款、设立绿色发展基金等举措降低绿色项目融资成本，提升投资者的风险承受力。优化企业环境信息披露要求，通过建立公共环境数据平台，完善绿色评级认证，开展环境风险分析等多种措施，有效制止污染性投资，为绿色金融发展营造良好的生态环境。“双碳”目标工作，在政策支持、资金大力投入的背景下，必将带动经济发展新的增长点。

四、促进经济高质量发展

“双碳”目标工作，要求我们的经济发展从资源依赖向技术引领的方向转型。在资源推动型模式下，随着不断发展，资源不断稀缺乃至枯竭，必然导致发展成本增加、发展后劲不足等一系列问题，因此，以资源推动型模式发展是不可持续的。在技术推动型模式下，随着技术进步，发展内容可以不断更新，发展的成本不断下降。技术支持发展的模式可学习、可借鉴、可复制，因此这样的发展是可持续的。进而，技术创新和进步可以使发展与能源、资源脱钩成为现实。

习近平总书记指出“创新是引领发展的第一动力”。在“双碳”目标背景下，能源技术及其关联产业将表现出旺盛的生命力，有望成为带动产业升级的新增长点。中国不仅是这场“绿色运动”的参与者，也正在成为低碳行动的受益者。

“双碳”目标工作将不断推动各个领域的技术投资和建设，这些领域的建设不仅能够刺激经济、创造新的就业机会，还能满足清洁能源应用与输送需求，构建经济绿色、高质量发展的良性闭环。

1. 思考和讨论：寻找发生在我们生活中的碳排放行为和活动，以小组为单位思考和讨论通过什么方式才能切实减少碳排放？

2. 深入研究：以小组为单位，在能源、工业、交通、建筑这 4 个产业中选取一个产业，进行深入的研究，分析该产业的碳排放结构、成因和解决对策，要求制作 PPT，小组汇报展示。

第三节

生活方式中的绿色文明形态

【学习目标】

1. 了解什么是绿色环保生活方式。
2. 了解绿色生态文明的含义。

【能力目标】

1. 能够辨别生活方式中的绿色减碳行为。
2. 认识到绿色生活方式的紧迫性来自气候的变化。

【素养目标】

能够自觉自愿地开展绿色生活方式，并带动周围的人加入绿色生活。

【课堂知识】

一、人类文明的新形态——生态文明

文明指反映物质生产成果和精神生产成果的总和，标志人类社会开化状态与进步状态的范畴。换言之，文明是人类社会实践活动中进步、合理成分的积淀，文明的发展水平标志着人类社会生存方式的发展变化。大自然孕育了人类，人类则在认识自然、改造自然的过程中，创造了一个又一个光辉灿烂的文明。以石器为标志的原始生产方式培育了采猎文明，又称为原始文明、“自然中心主义”文明、原始绿色文明；以铁器为标志的手工工具生产方式培育了农业文明，又称为“亚人类中心主义”文明、黑色文明；以蒸汽机为标志的大机器生产方式培育了工业文明，又称为“人类中心主义”文明、灰色文明；正在崛起的以高新技术为标志的生态生产方式将培育起生态文明，又称为“生态中心主义”文明、绿色文明。纵观人类历史，原始文明经历一百万年时间，农业文明有近一万年的历史，而工业文明仅是近三百年的事。展望未来，21 世纪将是实现生态文明的世纪。

人类社会发展已经经历了三个历史发展阶段：渔猎社会是前文明时代，农业社会是第一个文明时代，工业社会是第二个文明时代，现在将进入第三个文明时代——生态文明时

代。生态文明是人类的新文明，人类将以创造性的生态实践，建设生态文明社会，使人类进入一个新的历史时代——生态社会主义时代。

1. 原始文明与依赖森林

在人类产生、发展文明的漫漫历史长河中，人类与森林有着血肉难分的关系。事实上，远古先民的衣、食、住、行种种需要，多数仰仗于森林的无私贡献，当时的劳动工具、战斗武器也大多取材于森林。在人类发明用火之前，人们的物质生活主要依赖于森林环境，想要远离森林去谋生，在当时是不可想象的。

人类使用火以后，情况发生了变化。人们最初是从自然因素引起的森林火灾中得到的启发，认识到火焚森林可以得到很多因烧烤或窒息而死伤的禽兽，从而更容易获取猎物，于是有了火猎。火猎导致的森林被破坏，产生了人类史上最初的生态危机，导致了人口萎缩和文明衰退。这种自然中心主义的文明是人类尚无力自主地利用森林的表现。

2. 农业文明与毁林开荒

大约在一万年以前，人类开始有意识地从事谷物栽培。农耕的出现使人类与森林环境之间产生了新的变化，出现了既对立又统一的新的矛盾关系。在农业得以长足地发展之后，人口扩张成为当时文明的必然。尽管人类对森林土地的大面积开垦使人类真正走出了森林、走向自主，但人类并未脱离对森林的依赖。房屋建设、烧柴煮饭、烧炭取暖、金属冶炼、烧制陶瓷等，均大量消耗木材。依当时的文明与技术，离开木材是难以生存的。

3. 工业文明与砍伐森林

森林对工业发展起着多方面的作用，它不仅供给工业以燃料和原料，还提供和保护了许多工业部门必不可少的、洁净的自然环境。工业发展初期，各行各业的基本燃料都是木材或木炭。工业的发展对木材的需求造成了森林资源的严重消耗。所以，工业文明同样是以牺牲森林作为代价而发展起来的，这在工业发展初期表现得尤其明显。

自进入现代工业发展阶段以来，不发达国家和发展中国家的经济发展对森林的开发利用仍然有较强的依赖性，这也是温带森林、热带雨林正在以惊人的速度消失的重要原因。现代工业发展依然与森林息息相关。

二、绿色环保生活方式

“绿色化”包括生产方式的绿色化，要求构建科技含量高、资源消耗低、环境污染少的产业结构，大幅提高经济绿色化程度，有效降低发展的资源环境代价；也包括生活方式的绿色化，要求增强全民生态文明意识，培育绿色生活方式，推动全民在衣、食、住、行、游等方面加快向勤俭节约、绿色低碳、文明健康的方式转变，坚决抵制和反对各种形式的奢侈浪费、不合理消费。良好生态环境是最公平的公共产品，是最普惠的民生福祉。当前，我国资源约束趋紧、环境污染严重、生态系统退化的问题十分严峻，人们对清新空气、干净饮水、安全食品、优美环境的要求越来越强烈，生态环境恶化及其对人体健康的影响已经成为人们的心头之患，成为突出的民生问题。扭转环境恶化、提高环境质量是事关全面小康、事关发展全局的一项刻不容缓的重要工作。

推动形成绿色生产生活方式，便是坚持绿色发展理念。与创新发展、协调发展、开放发展、共享发展一道，绿色发展是党的十八届五中全会提出的指导我国“十三五”时期发展甚至是更为长远发展的科学的发展理念和发展方式。从狭义上讲，绿色发展就是要发展环境友好型产业，降低能耗和物耗，保护和修复生态环境，发展循环经济和低碳技术，使经济社会发展与自然相协调。

推动形成绿色生产生活方式，必须坚持绿色富国、绿色惠民，推动形成绿色发展方式和生活方式，为人民提供更多优质生态产品。促进人与自然和谐共生、加快建设主体功能区、推动低碳循环发展、全面节约和高效利用资源、加大环境治理力度、筑牢生态安全屏障，党的十八届五中全会重点从这六个方面做出了周密部署，为绿色发展指明了努力方向。同时，绿色的生活方式是要尊重自然和生命、崇尚节约、提倡再生利用的生活方式。要树立勤俭节约的消费观，实现生活方式和消费模式向勤俭节约、绿色低碳和文明健康的方向转变，力戒奢侈浪费、过度消费和不合理消费，遏制攀比性、炫耀性、浪费性行为，增强全民的环境意识和提高绿色消费知识水平，引导人们自觉在生活细节上体现绿色生态的理念，增强全社会的绿色消费意识。

推动形成绿色生产生活方式，真抓实干才能见效。无论是实行最严格的环境保护制度和水资源管理制度，实行省以下环保机构监测监察执法垂直管理制度，还是深入实施大气、水、土壤污染防治行动计划，实施山水林田湖生态保护和修复工程，都是为了尽快遏制生态环境恶化的势头，筑牢绿色发展的底线，构建绿色低碳循环发展产业体系，加快传统产业绿色化改造，重新整合资源，着力推动经济效率低、污染排放多、资源消耗大的工业向低能低耗、集约高效利用转型。对造纸、化工、钢铁、纺织、食品等主要传统产业的生产工艺及设备进行绿色改造，降低能耗和环境负荷，提高先进产能比重。加快工业园区生态化改造和建设构建跨产业生态链，实施近零碳排放区示范工程。积极发展电子信息、生物医药、新能源汽车、高端装备制造、新能源、新材料、节能环保、现代服务业等绿色新兴战略产业。推进服务业绿色升级，积极发展金融服务、电子商务、文化、健康、养老等低消耗低污染的服务业，推进传统服务业向绿色管理、清洁服务、绿色消费转变。

保护与发展并不矛盾。随着对发展规律认识的不断深化，越来越多的人意识到，绿水青山就是金山银山，保护生态环境就是保护生产力，改善生态环境就是发展生产力。绿色循环低碳发展是当今时代科技革命和产业变革的方向，是最有前途的发展领域，我国在这方面的潜力相当大，可以形成很多新的经济增长点，为经济转型升级添加强劲的“绿色动力”。抓住绿色转型机遇，推进能源革命，加快能源技术创新，推进传统制造业绿色改造，不断提高我国经济发展绿色水平，完全可以实现经济发展与生态改善的双赢。

生态环境矛盾有一个历史积累的过程，实现生产生活的绿色转型也必须久久为功。在这一进程中，既需要中央的顶层设计，更需要基层的躬身践行；既需要政府部门的倡导垂范，也离不开企业、个人的多方参与；既需要价值层面的引导动员，也需要制度体系的规范约束。只有思想上与时俱进、行动上干在实处，让“绿色化”实现“常态化”，才能保持经济系统的“绿色增长”，提高社会系统的“绿色福利”，扩大生态系统的“绿色财富”，实现中华民族的永续发展。

【课堂实践】 倡议书与绿色生活宣讲活动

气候的变化正在影响人类的生存，我们每个人都应当拿出实际行动，践行绿色文明、绿色生活方式。请以此为主题，撰写一份倡议书，并且组织一次宣传倡议活动，向学校的老师和学生们宣讲。

第四节

共建人类命运共同体

【学习目标】

1. 了解人类命运共同体的相关概念。
2. 树立全球价值观理念。

【能力目标】

1. 学会从全球视角分析碳排放带来的社会影响。
2. 学习构建人类命运共同体的方法和途径。

【素养目标】

锻炼、培养收集资料、分析素材、自主学习的能力。

【课堂知识】

一、人类命运共同体的基本概念

自党的十八大以来，人类命运共同体理念受到国内外的广泛关注，并且逐渐为国际社会所认同，成为推动全球治理体系变革、构建新型国际关系和国际新秩序的共同价值规范。人类命运共同体是一种全球价值观，包含相互依存的国际权力观、共同利益观、可持续发展观和全球治理观。人类命运共同体旨在追求本国利益时兼顾他国合理关切，在谋求本国发展中促进各国共同发展。人类只有一个地球，各国共处一个世界，要倡导“人类命运共同体”意识。

共同体可以指定居在同一地区的人共同组成的团体，或在宗教、种族、职业等方面具备共同特性的人共同组成的团体，也可以是基于某种共同的利益、态度、价值及情感尊重等的人共同组成的团体或相互支持、同情的关系，也指由国家共同组成的团体，例如欧洲共同体、西非国家经济共同体。

2012 年 11 月，党的十八大报告中提及：“这个世界，各国相互联系、相互依存的程度空前增进，人类生活在同一个地球村里，生活在历史和现实交汇的同一个时空

里，越来越成为你中有我、我中有你的命运共同体。”习近平总书记在外交场合也多次提倡“人类命运共同体”。“人类命运共同体”是中国领导人对走和平发展道路、奉行合作共赢的开放战略、恪守维护世界和平、促进共同发展外交宗旨的承诺，包括共同、综合、合作、可持续的安全观，公平、开放、包容、共赢的发展观，和而不同、兼收并蓄的文明交流，以及尊重自然、环境友好的生态文明。根据党的十九大报告，人类命运共同体的宗旨是“建立持久和平、普遍安全、共同繁荣、开放包容、清洁美丽的世界”。

双边命运共同体、周边命运共同体以及新型国际关系都是人类命运共同体的组成部分。例如中国领导人强调要在国际和区域层面建设全球伙伴关系，倡导建立一个更加紧密的“中国—东盟命运共同体”，也提出要“切实抓好周边外交工作，打造周边命运共同体”，以及构建以合作共赢为核心的新型国际关系。

二、人类命运共同体的内涵与意义

命运共同体意识超越种族、文化、国家与意识形态的界限，高屋建瓴地为思考人类未来提供了全新的视角，为推动世界和平发展给出了一个理性、可行的行动方案。

1. 人类命运共同体概念的提出

2013 年 3 月，习近平总书记在莫斯科国际关系学院的演讲中首次提出人类命运共同体这一概念。他指出：“这个世界，各国相互联系、相互依存的程度空前加深，人类生活在同一个地球村里，生活在历史和现实交汇的同一个时空里，越来越成为你中有我、我中有你的命运共同体。”此后，习近平总书记在不同场合数十次提及人类命运共同体，并赋予丰富的内涵，得到了国际上的广泛认可。2017 年 2 月，“构建人类命运共同体”的理念写入了联合国决议。2017 年 10 月，“构建人类命运共同体”写入中国共产党党章，成为习近平新时代中国特色社会主义思想的重要内容。党的十九大报告中进一步将坚持推动人类命运共同体确立为新时代中国特色社会主义基本方略。2018 年 2 月 25 日，中共中央建议在修改宪法部分内容时，增加“推动构建人类命运共同体”。

2. 人类命运共同体蕴含着全新的合作观

在党的十八大报告中，人类命运共同体思想表述为合作共赢。而伴随着“一带一路”倡议等全球合作理念与实践不断丰富，逐渐为国际社会所认同，成为推动全球治理体系变革、构建新型国际关系和国际新秩序的共同价值规范。

“一带一路”是我国作为上升大国坚持不走传统大国争霸、称霸的老路，而走开放、发展、合作与共赢的新的和平发展道路的体现。通过推进“一带一路”建设，可以扩大对外开放，拓展发展空间，加快实现中国发展的转型与升级，通过合作共建，让其他国家从中国的发展与合作中获得发展的新动力。从这个意义上说，“一带一路”建设需要中国与合作伙伴的战略理解、战略共识，使这个战略成为大家的战略，成为共同推动新时期开放发展与合作共赢的新模式。

3. 人类命运共同体是具有中国特色的世界发展方案

2012 年，党的十八大报告中提出“人类命运共同体”思想，这是基于当今世界局势，针对未来人类发展提出的中国方案，是我国和平发展道路在新历史时期的发展，是中国传统“大同”与“和合”思想的延续。人类命运共同体思想是对中国优秀传统文化的创造性转化和创新性发展，是对马克思列宁主义的继承、创新和发展，是对新中国成立以来我国外交经验的科学总结和理论提升，蕴含着深厚的中国智慧。

4. 人类命运共同体是中国大国责任的彰显

人类命运共同体是新时代中国特色社会主义的基本方略。人类命运共同体思想对当

今世界的发展具有引领价值，有利于适应和引导好经济全球化，消解经济全球化的负面影响，更好惠及每个国家、每个民族。

2013 年，习近平总书记分别倡导建立了“21 世纪丝绸之路经济带”和“21 世纪海上丝绸之路”，提出打造“一带一路”命运共同体，并为此投资 400 亿美元成立丝路基金，出资近 300 亿美元发起成立亚洲基础设施投资银行，推动互联互通建设，支持沿线国家互利合作。这些举措印证了中国构建“人类命运共同体”的决心，彰显了中国推动人类发展的大国责任。

5. 人类命运共同体是实现中国梦的重要保证

“人类命运共同体”思想的提出将世界各国紧密联系在一起，其倡导的互利共赢、相互尊重、共同发展的理念是中国和世界互相依靠、共同发展的重要保证。着眼于当前局势，“人类命运共同体”思想的提出，为我国积极参与国际合作、承担大国责任提供了契机，赢得了广大发展中国家的共鸣，这为我国未来的发展营造了极其有利的国际环境。这种利用共同体理念妥善处理国际社会复杂事务的方式，打开了新时期我国外交政策的新思路，为我国开展公共外交、扩大对外宣传与交流覆盖面、提高中国文化软实力与国际影响力提供了有利条件，是实现中华民族伟大复兴的中国梦的重要保证。

三、构建人类命运共同体的愿景

构建人类命运共同体思想，是一个科学完整、内涵丰富、意义深远的思想体系，其核心是建设持久和平、普遍安全、共同繁荣、开放包容、清洁美丽的世界。

1. 建设原则

1）政治上，要相互尊重、平等协商，坚决摒弃冷战思维和强权政治，走对话而不对抗、结伴而不结盟的国与国交往的新路。

2）安全上，要坚持以对话解决争端、以协商化解分歧，统筹应对传统和非传统安全威胁，反对一切形式的恐怖主义。

3）经济上，要同舟共济，促进贸易和投资自由化、便利化，推动经济全球化朝着更加开放、包容、普惠、平衡和共赢的方向发展。

2. 中国为构建人类命运共同体付出的努力

（1）中国坚定支持多边主义合作　当前欧美的保守主义和孤立主义正在上升，中国坚定支持多边主义合作，向世界展示了领导能力，并为全球提供了构建人类命运共同体的大视野。人类命运共同体的理念体现了人类共同的价值取向，与非洲传统文化中的乌班图思想“你中有我，我中有你”非常相似，都是致力于共同发展、共享繁荣。

（2）“一带一路”倡议　近年来中国提出了很多新理念、新主张，对国际治理体系的完善贡献很大。构建人类命运共同体以及合作共赢等理念都是值得提倡的新理念，也得到国际社会的广泛认同。中国既是理念的提出者，也是这些理念的践行者，“一带一路”倡议等就是这些理念的具体体现。

【课堂实践】

阅读下面的材料，根据要求写作。

1. 墨子说：“视人之国，若视其国；视人之家，若视其家；视人之身，若视其身。”

2. 英国诗人约翰·多恩说：“没有人是自成一体、与世隔绝的孤岛，每一个人都是广

袤大陆的一部分。”

3.“青山一道同云雨，明月何曾是两乡。”“同气连枝，共盼春来。”……2020年的春天，这些寄言印在国际社会援助中国的物资上，表达了世界人民对中国的支持。

“世界青年与社会发展论坛”邀请你作为中国青年代表参会，发表以“携手同一世界，青年共创未来”为主题的中文演讲。请完成一篇演讲稿。

第五章

实现碳中和的技术路径

【本章导读】

通过前面章节的学习，我们树立了节能减碳的意识，从人类生存的角度，实现“双碳”目标是关乎全球各个国家切身利益的大事；从国家发展的角度，中国作为负责任的大国，也必将在“双碳”领域担当更多的责任和重担。可是，有了美好的愿景，该如何付诸实施呢？本章将从四个方面介绍实现碳中和的技术路径。

首先，碳排放根据使用的方向可以分为生产端和消费端。在生产端，主要是使用煤炭、天然气等化石能源发电或者从事工业生产加工等工作。第一节讲述了生产端节能减碳的技术路径，主要的方案是调整能源结构，大力减少化石能源的使用，积极采用太阳能和风能等清洁能源，有条件的地区，更要积极推广水利能源；第二节从消费端介绍了实现碳中和的技术路径，最重要的方式就是减少汽油和柴油等直接碳排放的产生，在建筑、交通和钢铁等行业采用电力驱动的方式开展作业，从而逐步实现绿色能源消耗的目标；第三节是结合当前的数字信息化发展趋势，探讨数字化和信息化对于节能减碳的重要作用。通过信息技术手段减少人或者物在物理空间上的转移，就可以实现减少排放、提高能效的目的；前面三节介绍了减少碳排放的技术措施，在第四节则讨论如何通过负碳技术吸收碳排放的方案。单纯依靠减少碳排放的各种措施，只能实现现有排放在达峰之后的增量为零，已经存在的温室气体排放仍然会处在高位，并不能实现降低温室气体含量和保护地球环境的目的。碳捕集、利用和封存技术（CCUS）将会成为实现碳中和的终极武器。

【开篇案例】

随着设计的进步，太阳能的成本跌至历史低点，越来越多的建筑师和开发商转向应用太阳能，因为它可以节约成本，同时具有美学吸引力。正如我们看到的，世界上一些最大的建筑项目正在从屋顶到立面都在采用集成光伏发电。以下是关于绿色建筑的案例。

苹果总部大楼——宇宙飞船（图 5-1）

苹果总部大楼被广泛称为“宇宙飞船”（Apple Park），是苹果公司在美国加利福尼亚州库比蒂诺市的总部，这座办公大楼于 2017 年完工。苹果总部大楼由世界著名建筑师诺曼·福斯特（Norman Foster）设计，其外观独特，形似一艘飞碟或宇宙飞船，因此得名“宇宙飞船”。这座圆形建筑的设计注重简约、现代和环保，拥有一片巨大的玻璃幕墙，拥有众多的绿色节能环保设计理念，其整体设计象征着苹果对创新和未来科技的承诺。

图 5-1　苹果总部大楼

苹果总部大楼注重可持续性和环保。它采用了多项环保技术，包括太阳能能源、自然通风系统和雨水收集系统。此外，园区内还有大片的绿地和果树，以改善环境质量和提供员工宜人的工作环境。

1. 太阳能能源

苹果总部大楼的屋顶覆盖了大量的太阳电池板，这些太阳电池板用于产生可再生能源。这些太阳电池板不仅足以满足大楼内的电力需求，还可以为附近的社区提供电力。这有助于减少碳排放，降低对传统电力来源的依赖。这家科技巨头正在利用其丰富的屋顶空间安装数千块太阳电池板，估计输出功率为 16MW。该园区还将配备 4 MW 的沼气燃料电池，并从附近的第一太阳能公司的 130 MW 太阳能装置中获取额外的可再生能源。

2. 自然通风系统

苹果总部大楼内采用了一套先进的自然通风系统，这意味着在适宜的气候条件下，建筑可以实现通风和温度控制，减少了对空调系统的依赖。这不仅节省了能源，还提高了员工的舒适度。

3. 雨水收集系统

苹果总部大楼拥有一套雨水收集系统，可以将雨水用于灌溉周围的植被和景观。这有助于减少自来水的使用，减少水资源的浪费。

4. 环保材料和建筑设计

在建筑材料的选择方面，苹果采用了许多环保材料，例如可再生木材和低挥发性有机化合物（VOC）油漆。此外，建筑的设计充分考虑了自然光线的最大利用，减少了人工照明的需求。

5. 绿色景观设计

苹果总部园区内有大量的绿化区域和果树，175 英亩的园区有 80% 是绿地。这些植被不仅提供了美丽的景观，还有助于改善空气质量和生态系统的健康。园区还设计了数英里的自行车和慢跑路线，这些绿化区域为员工提供了愉悦的户外休闲空间。

总的来说，苹果总部大楼的绿色可持续性举措体现了苹果公司对环保和可持续性的承诺。这座建筑不仅代表了高科技和创新，还是一个生态友好型的办公场所，旨在为员工提供健康、高效和可持续的工作环境，同时减少对自然资源的消耗和环境的负面影响。这个项目在可持续建筑领域树立了榜样，鼓励其他组织采取类似的可持续性措施。

【思维导图】

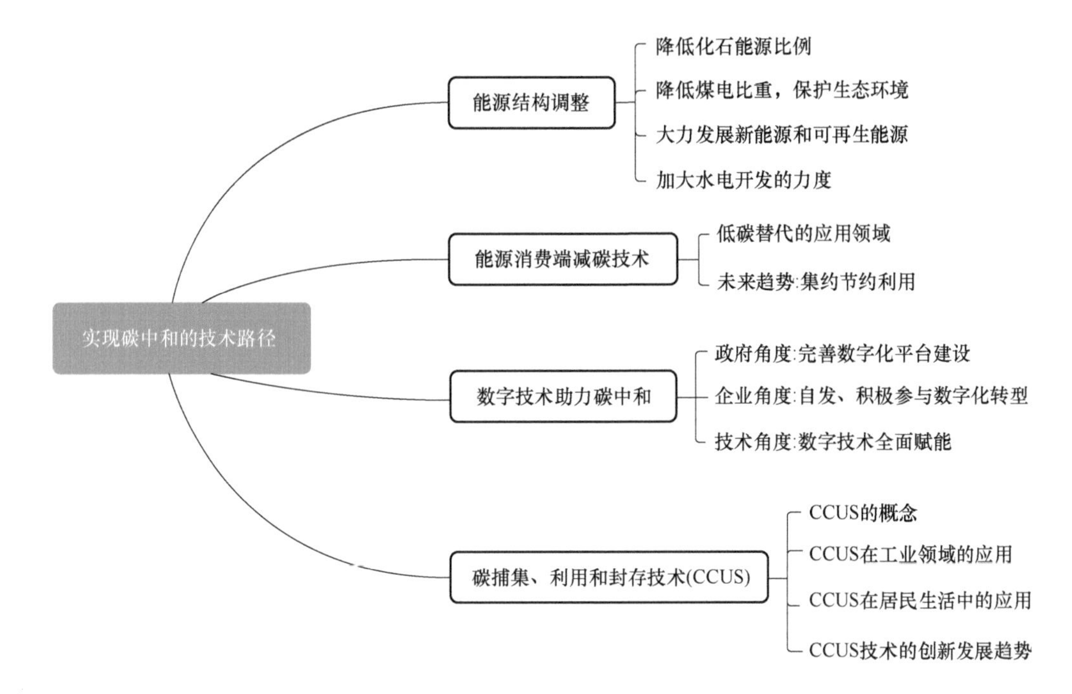

实现碳中和的技术路径
能源结构调整
降低化石能源比例
降低煤电比重，保护生态环境
大力发展新能源和可再生能源
加大水电开发的力度
能源消费端减碳技术
低碳替代的应用领域
未来趋势:集约节约利用
数字技术助力碳中和
政府角度:完善数字化平台建设
企业角度:自发、积极参与数字化转型
技术角度:数字技术全面赋能
碳捕集、利用和封存技术(CCUS)
CCUS的概念
CCUS在工业领域的应用
CCUS在居民生活中的应用
CCUS技术的创新发展趋势

第一节

能源结构调整

【学习目标】

1. 了解全球能源的结构。
2. 了解能源结构调整的方向。

【能力目标】

1. 具有掌握太阳能、风能等新能源的应用技术的能力。
2. 具有了解水力发电的工作原理的能力。

【素养目标】

1. 清楚新能源的使用将是人类社会发展的大势所趋。
2. 了解清洁能源在生产端的使用比例。

【课堂知识】

能源结构调整是世界各国实现碳中和面临的首要任务，从全球角度看，它是应对气候变化和减少温室气体排放的关键，有助于实现全球碳中和目标，减缓全球暖化。从国家战略角度看，它提供了能源供应的安全性、经济可持续性和创新机会，促进国家竞争力。从行业转型发展看，它推动了新兴清洁技术和可再生能源产业的增长，创造了就业机会，加速了能源部门的现代化和可持续性，为可持续未来打下了基础。

如图 5-2 数据显示，截至 2023 年，在我国的能源结构中，化石能源占比为 73.60%，这个数据相比 2019 年的 84.70% 下降了 11.20%。水电、核电、风电等非化石能源占比为 26.40%，而 2019 年这个数值只有 15.30%，可见，我国在减少化石能源消耗、提升清洁能源比重方面取得了长足的进步。根据我国“双碳”目标的要求，在 2030 年，化石能源占比将降低到 80% 以下，目前已经达到了这个要求，而 2060 年碳中和目标实现后，化石能源的占比将进一步下降到 50% 以下。从发电量结构看，火电占比 66.30%，仍然是电力的主要来源，水电占比 13.60%，风能、太阳能、核电占比分别为 9.40%、6.20%、4.60%，清洁能源发电的占比仍有待提高。因此，调整能源结构的主要任务包括降低化石能源的比例、减少煤电的比重、大力发展清洁能源，尤其是水电的开发和利用。

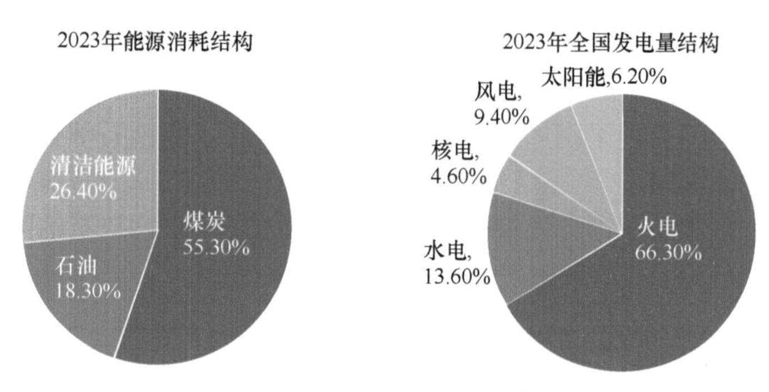

图 5-2　2023 年中国的能源结构

一、降低化石能源比例

根据国际能源署（IEA）的数据，化石燃料（煤炭、石油和天然气）在全球能源供应中仍然占据主导地位。到 2020 年，化石燃料占全球总能源供应的约 80%。全球各地正致力于减少对化石能源的依赖，增加可再生能源的比例，以应对气候变化和能源安全挑战。

1. 欧盟

欧盟的能源结构在不断改变，以降低对化石能源的依赖。根据欧洲环境署（EEA）的数据，欧盟自 2010 年以来逐渐减少了煤炭和石油的使用比例，而增加了可再生能源的比例。截至 2020 年，可再生能源在欧盟总能源消费中占比达到了约 20%。

2. 美国

美国是全球最大的石油和天然气生产国之一，因此石油和天然气在美国的能源结构中占有重要地位。根据美国能源信息管理局（EIA）的数据，到 2020 年，煤炭的比例逐渐减少，而天然气的比例在上升，成为美国电力生产的主要燃料之一。可再生能源（如风能和太阳能）也在美国的能源结构中逐渐增加。

3. 中国

在中国能源发展战略中，降低对国际石油的依赖是出于对石油安全的考虑。据统计，2020 年中国生产原油 18665.7 万 t，同比增长 1.6%；2020 年，中国净进口原油 15928 万 t，同比增长 14.7%。2020 年，中国原油表观消费量约为 3.46 亿 t，同比增长 7.3%，达历史高位。原油对外依存度达到 46.05%。中国原油需求对外依存度的提高，无疑会给中国石油安全带来很大压力。

石油安全是中国能源安全的核心，石油安全关系国家根本利益和国民经济安全。在当前全球金融危机下，中国能源发展战略仍然应该把石油安全放在关键位置。中国石油安全问题的根源是资源与需求的矛盾：中国是世界上最大的石油消费国之一，但国内石油资源有限。中国国内的石油产量无法满足国内日益增长的石油需求，因此必须依赖进口。同时，国际石油市场价格波动对中国的能源安全产生直接影响。价格的不稳定性可能导致石油进口成本的不确定性，对中国经济造成压力；此外，中国对外石油资源的需求增长可能导致地缘政治冲突，特别是在石油资源丰富的地区。这些地缘政治问题可能对中国的石油供应稳定性产生不利影响。为了应对中国石油问题，中国正逐步采取以下措施：

（1）多元化能源结构　建立完善的石油储备制度，以应对紧急情况和价格波动。减少对石油的依赖，通过推广可再生能源（如太阳能、风能、水能）和核能等清洁能源，实现能源结构多元化。

（2）提高能源效率　改善能源利用效率，减少浪费，降低能源消耗，以减少对石油的需求。

（3）积极参与国际市场　积极参与国际石油市场竞争，多渠道、多元化地获取石油资源供应，降低进口依赖度。

（4）国际合作　与其他国家加强国际石油领域的合作，包括石油资源勘探、生产和分配，以确保供应的稳定性。

总的来说，中国正采取综合性措施，从多个角度入手，以解决石油问题，提高国家的石油安全水平，实现能源可持续性发展。

二、降低煤电比重，保护生态环境

中国是全球最大的煤炭消费国，煤炭在中国的能源结构中占有主导地位。2020 年，中国发电装机容量突破 7 亿 kW，居世界第二，仅次于美国。发电量达到 32559 亿 kW 时，连续 7 年平均增长超过 13.2%。然而，中国电力产业结构仍有待调整。在中国电力产业发展中，降低煤电的比重是节能减排和保护生态环境的需要。

中国电力产业结构的不合理主要表现在以下几个方面：

（1）煤炭依赖过重　中国电力产业长期以来过度依赖煤炭作为主要能源来源。如图 5-3 所示，煤炭发电占据了电力产业的主导地位，导致高碳排放和严重空气污染问题，不符合可持续发展的要求。2020 年，在中国的电力装机中，火电装机 5.54 亿 kW，占 77.7%；水电装机 1.48 亿 kW，占 20.4%；核电装机 906.8 万 kW，占 1.3%；风电及新能源超过 600 万 kW，仅占 0.8%。火电装机比重过大造成对煤炭的需求越来越大。

（2）可再生能源利用不足　尽管中国在可再生能源领域取得了一些进展，但其潜力仍未充分发挥。风能、太阳能和水能等可再生能源在电力产业结构中的比例相对较低，未能充分减少对化石燃料的依赖。

（3）电力过剩和浪费　中国电力产业存在一定程度的电力过剩，一方面，电源和电网的发展筹划缺失和实际建设不协调，导致了资源浪费；另一方面，由于电力需求和供给不匹配、电力外输通道建设成本高等原因，导致下游环节的产能过剩。当大量电力生产设备在低负载下运行时，将造成能源和投资的巨大浪费。而且，电力产业在中国的分布存在明显的区域不平衡。一些地区电力供应过剩，例如西部地区工业用电较少，但是依靠丰富的太阳能可以产生很大的发电量；而其他地区却面临电力供应不足的问题，例如东部省份，到了夏天要面临拉闸限电的困扰。这种不平衡导致了跨区域电力输送和能源资源的浪费。

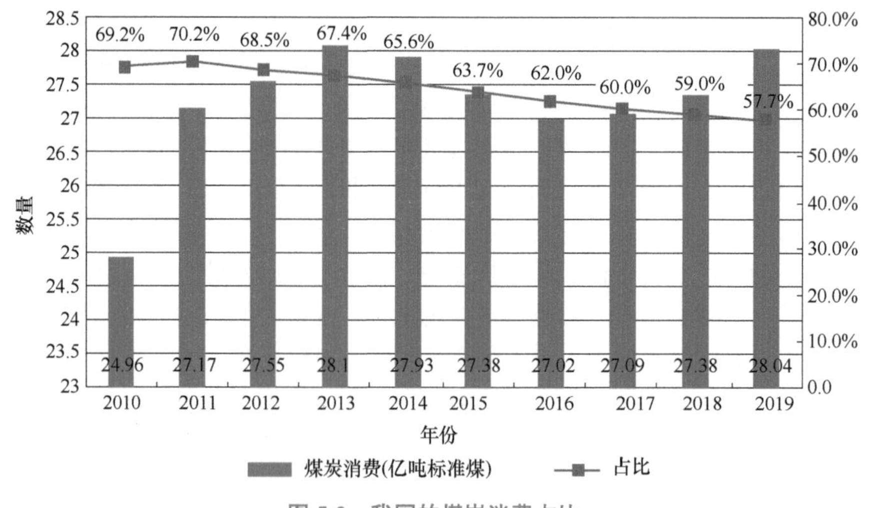

图 5-3　我国的煤炭消费占比

为了解决这些不合理的问题，中国政府已经采取了一系列政策措施，包括鼓励可再生能源发展、调整电力价格机制、促进电力市场改革、实施清洁能源发电政策等。这些努力旨在优化电力产业结构，实现更加可持续和环保的电力供应。

三、大力发展新能源和可再生能源

从世界能源发展趋势来看，各种新能源和可再生能源的开发利用引人注目。在承诺目标情景（APS）中，中国电力部门将在2055年前实现二氧化碳净零排放。基于可再生能源的发电量（主要是风能和太阳能光伏发电）将占发电总量的约80%。相比之下，煤电的份额将从60%以上下降到仅有5%，而未采用减排技术的燃煤发电将于2050年被淘汰。到2060年，所有地区的可再生能源装机容量至少增加两倍，其中，中国西北和北方地区的增长幅度最大。在各种新能源和可再生能源的开发利用中，以太阳能、风能、水电、氢能、核电、地热能、海洋能、生物质能等新能源和可再生能源的发展研究最为迅速。

1. 太阳能

太阳能是太阳内部连续不断的核聚变反应过程产生的能量。地球轨道上的平均太阳辐射强度为1369W/m^2。尽管太阳辐射到地球大气层的能量仅为其总辐射能量的22亿分之一，但已高达173000TW，也就是说，太阳每秒钟照射到地球上的能量相当于500万t煤，每秒照射到地球的能量为1.465×10^{14}J。地球上的风能、水能、海洋温差能、波浪能和生物质能都来源于太阳；即使是地球上的化石燃料（如煤、石油、天然气等）从根本上说也是远古以来储存下来的太阳能，所以广义的太阳能包括的范围非常大，狭义的太阳能则限于太阳辐射能的光热、光电和光化学的直接转换。

（1）太阳能发电技术原理　太阳能是一种可再生能源，其原理基于太阳光的“光生伏特效应”。

“光生伏特效应”简称“光伏效应”（Photovoltaic Effect），指光照使不均匀半导体或半导体与金属结合的不同部位之间产生电位差的现象。它首先是由光子（光波）转化为电子、光能量转化为电能量的过程；其次，是形成电压的过程。有了电压，就像筑高了大坝，如果两者之间连通，就会形成电流的回路。太阳电池板通常由半导体材料制成，例如硅。如图5-4所示，当光子击中半导体材料时，它们将电子从束缚中释放出来，产生电流。各个电池板单元产生的电流通过控制器汇聚成直流电，再通过逆变器转变为交流电，最终实现并网供电。

传统的硅太阳电池板转换效率通常在15%~22%范围内。高效率的硅太阳电池板，其效率可以超过25%。硅太阳电池板是市场上最常见的太阳电池类型，用于商业和居住用途。最新的钙钛矿太阳电池板技术对于光电转换效率有了较大提高，已经有报道表明，实验室中的钙钛矿电池效率可以超过30%。这使钙钛矿电池成为一种备受关注的新兴太阳能技术。

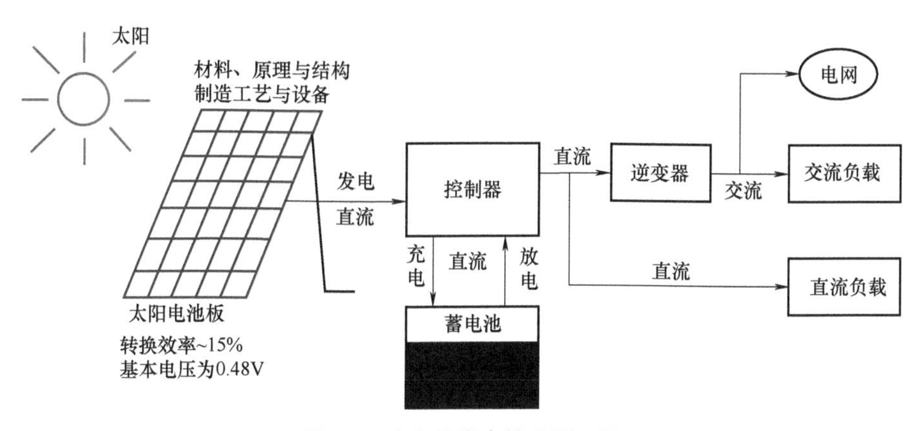

图5-4　太阳能发电技术原理图

（2）太阳能的应用方式

1）太阳能直接发电：太阳能被广泛用于发电。太阳能发电有两种方式，一种是光-热-电转换方式，另一种是光-电直接转换方式。在光电直接转换方式下，太阳电池板安装在屋顶、太阳能电站、太阳能光伏场地等地方，将太阳光转化为电能。这种清洁能源形式对于减少温室气体排放和减少对化石燃料的依赖具有重要意义。日常太阳能光伏发电站分类，一种是集中式地面光伏发电站，使用光伏发电站表述；另一种是分布式（以大于 6MW 为分界），如工商企业厂房屋顶光伏发电站、居民屋顶光伏发电站，使用光伏发电系统表述。如图 5-5 所示，杭州西站光伏发电项目 7540 块单晶硅光伏组件全部铺设完工，2023 年 6 月下旬完成并网发电。杭州西站光伏发电项目利用站房建筑的屋顶资源，采用“自发自用、余电上网”的并网运营模式，铺设单晶硅光伏组件面积约为 1.5 万 m^2，装机容量为 3MW。

图 5-5　杭州西站光伏屋顶

2）太阳能热发电：太阳能发电的第二种方式是光-热-电转换方式。通过利用太阳辐射产生的热能发电，一般是由太阳能集热器将所吸收的热能转换成工质的蒸气，再驱动汽轮机发电。

我国青海中控德令哈 50MW 光热电站是全球首个年度实际发电量超过年设计发电量的塔式熔盐储能光热电站。如图 5-6 所示，在青海省海拔 3000m 左右的德令哈戈壁滩上，一座银色高塔在阳光下熠熠闪光。底下一排排“镜子”（定日镜）跟随太阳方向缓缓转动，收集阳光后反射到塔尖的吸热器，在吸热器内光能被转换为热能储存。该电站配置 7h 熔盐储能系统、27135 面 20m^2 的定日镜，镜场采光面积为 54.27 万 m^2，设计年发电量为 1.46 亿 kW·h，相当于 8 万余户家庭一年的用电量，每年可节约标准煤 4.6 万 t，同时减排二氧化碳气体约 12.1 万 t，具有良好的经济效益与社会效益。

图 5-6　青海中控德令哈 50MW 光热电站

德令哈光热电站运行数据显示，自 2021 年 8 月 6 日（汽轮机完成整改后）至 2022 年 8 月 5 日，电站完整年度累计实际发电量为 1.58 亿 kW·h，达到年度设计发电量（1.46 亿 kW·h）的 108%，创下全球同类型电站最高运行纪录。

3）牧光互补和沙漠治理：随着大面积太阳电池板的布设，还带来了意想不到的收获。

自 2012 年以来，凭借丰富的光照资源和大面积荒漠化土地资源，青海省的海南州大力推进千万千瓦级新能源基地建设。如今，塔拉滩上建起超 300km^2 的光伏发电园区，超过 60 家光伏企业入驻园区，这里是我国千万千瓦级太阳能发电园区之一。但是，电站运营管理人员很快发现，光伏板上的积土如果不及时清理会影响发电，园区检修人员便利用专业的清洗设备对光伏板进行冲洗，无意之中给光伏板下的土地补充了大量水分。密集的光伏板阻挡了风沙，在一块块光伏板遮挡下，地表水分蒸发量大幅减少，草地涵养水源能力提升，土地荒漠化得到遏制。随着草越长越茂盛，一个幸福的“烦恼”也随之产生：草杂乱无章地生长，遮挡住了光伏板，影响发电效率，冬天还容易引发火灾。一个电站每年至少需要除草两次，公司一年在除草上就要花掉近 200 万元。于是，电站就对周围的牧民开放，吸引牧民来这里放羊吃草，电站省去了除草的费用，牧民免费获得了饲料，两者形成了一种互补型的合作生产模式。

如图 5-7 所示，这种“牧光互补”的新型生态农业方式很快被推广，形成“棚上发电、棚下养殖”的空间复用模式。光伏板能够起到隔热挡风等作用，相比传统顶棚可以创造更多价值；在光伏板的“庇护”下，不仅可以使牧场植被免受烈日大风的侵袭，还能对养殖的动物起到保护效果。这种模式既不会影响养殖业，也没有影响发电效率，大大提高了土地的利用效率。此外，牧区大多建在高原或者山地，这上面修建光伏电站能有效防风固沙，在一定程度上改善了水土流失问题，对当地生态环境和气候改善自然也就做出了贡献。

图 5-7　牧光互补生产模式

太阳能电站对于沙漠地区的生态修复工作也带来了新的契机。中国西北地区有着中国最为丰富的太阳能资源，这里气候干燥，降雨量极少，日光直接照射的时间很长，而这些地区恰恰也是中国受风沙侵袭最严重的地区。随着太阳能等新能源的开发，不少光伏电站建造及运营者开始探索光伏发电与荒漠治理相结合的“光伏治沙”模式，探索走出一条工业治沙的新模式。库布其沙漠生态环境曾经极度脆弱，是内蒙古荒漠化和水土流失较为严重的地区之一，也是京津冀主要的风沙源和黄河“几字弯”重要的流沙源。但该地区年均日照稳定在 3180h 以上，拥有丰富光热资源。如图 5-8 所示，光伏治沙项目正在逐步显现良好的生态修复和经济效益。该项目位于沙漠腹地区域，总占地面积约 10 万亩。光伏板上可以发电，板下可以种植作物，板间还能养殖。项目建成后可修复治理沙漠 10 万亩，年均供应绿色电力 40 亿 kW·h，年节约标准煤 125 万 t、减少二氧化碳排放 341 万 t，有效构筑中国北方重要生态安全屏障和黄河流域生态安全屏障。

图 5-8　光伏治沙

4）空间太阳能：1968 年，美国科学家彼得・格拉赛博士提出了空间太阳能发电站方案。如图 5-9 所示，这一设想是建立在一个极其巨大的太阳电池阵的基础上，由它来聚集大量的阳光，利用光电转换原理达到发电的目的。所产生的电能将以微波形式传输到地球上，然后通过天线接收经整流转变成电能，送入全国供电网。在宇宙空间建立太阳能发电站，能合理地充分利用空间资源。太阳能发电站设置在赤道平面内的地球同步轨道上，位于西经 123° 和东经 57° 附近，使太阳电池阵始终对太阳定向，并且发射天线的微波束必须指向地面的接收天线。需要克服的主要问题有空间站的组建、太阳能发电设备、电能的储存以及传输等。中国五院“钱学森空间技术实验室”团队已开展太阳能电站具体研究工作，现正处于研究试验阶段。

图 5-9　空间太阳能发电站

太阳能是一种清洁、可持续的能源形式，具有巨大的潜力，可以减少对传统化石燃料的依赖，降低温室气体排放，推动可持续能源发展。随着技术的不断进步和成本的降低，太阳能的应用场景正在不断扩大，太阳能对于实现“双碳”目标将起到越来越大的作用。

2. 风能

风能是一种可再生能源，其原理是通过大型的扇叶将风的运动转化为机械能或电能。众所周知，风是由于太阳辐射地球的不均匀加热而产生的，因此在地球表面形成气流。这些气流中的空气以不同的速度和方向流动，其中一部分的运动速度可以非常高。为了捕获和利用风能，人们使用了风力机（也称为风力发电机）。如图 5-10 所示，风力机通常由旋转的叶片、转子和发电机组成。当风吹动风力机的叶片时，叶片开始旋转。这个旋转运动将机械能传递给发电机，发电机内部的机械能通过磁场的作用产生电流，进而产生电能。这个电能可以直接用于供电，或者储存在蓄电池中，以备以后使用。

人类历史上很早就有利用风能的历史记载。例如帆船，就是使用风能驱动船只，风能成为一种环保的船舶动力来源。在一些地方，风能被用于驱动水泵，将地下水抽到地表，以供灌溉农田或为居民提供饮用水。目前，应用最多的是风力发电。风力发电站广泛分布在世界各地，特别是在风能资源丰富的地区。这些发电站可以供应电力给城市、工厂和家庭，成为清洁能源的重要来源。

图 5-10　风能电站技术原理和实景图

全球风能理事会的《全球风能报告 2023》指出，2022 年全球新增风能装机容量为 78GW，总装机容量达到 906GW。中国在 2022 年是全球风能新装机容量的主要市场之一。风能具有巨大的潜力，是一种环保、可持续的能源形式。随着技术的不断进步和风能产业的发展，风能在全球能源供应中的重要性不断增加。

3. 地热能

地热能是一种可再生能源，其原理是基于地球内部热量的利用。地热能的利用原理如图 5-11 所示。

图 5-11　地热能的利用原理

地球内部包含大量的热量，这些热量主要来源于地球的自然放射热和地热能。地球的内部热量产生于核反应和地球内部的放射性元素的衰变。地热能的采集通常通过地热井和地热泵等设备进行。地热井将地下热水或蒸汽抽上地表，然后通过地热泵等系统将其传递给建筑物供暖、制冷或发电。

地热能的应用越来越广泛，不仅可以用于供暖和制冷，还可以用于发电。它是一种清洁、稳定的能源来源，因为地热热量几乎是不受季节、天气和气候变化影响的。

中国拥有丰富的地热资源，主要分布在西南部和西北部地区。中国地热能储备量在世界上居于前列。中国的地热资源总储备量约为 2000GW，主要分布在西藏、云南、四川、新疆等地区。这些资源包括地下热水、地下蒸汽和热岩等。目前，我国地热发电项目主要集中在西南部地区。这些项目已经有利用地热能进行供暖、温泉疗养和一些小型发电项目。一些城市和地区已经建立了地热供暖系统，用于冬季供热。此外，一些温泉度假胜地也利用地热资源提供疗养服务。

尽管我国已经开始利用地热资源，但其潜力仍未充分开发，各级政府正在积极推动地热能的发展，包括建设更多的地热供暖项目和地热发电项目。

地热能是一种可再生、清洁的能源，对减少碳排放和能源供应具有重要意义。随着技术的进步和资源的更好开发，我国的地热能应用有望进一步扩大。

4. 潮汐能

潮汐能是一种可再生能源，其原理是基于潮汐运动的利用。潮汐能发电原理如图 5-12 所示。

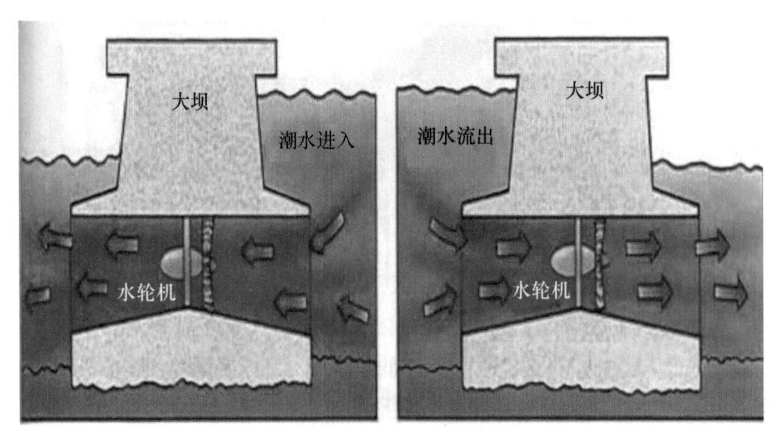

图 5-12　潮汐能发电原理

潮汐是由太阳、月球和地球之间的引力相互作用导致的。这一引力使海洋水位周期性地上升和下降，每日发生两次的高潮和两次的低潮，形成了潮汐周期。潮汐引起了水流的变化，海水涌进和流出河口和海湾会形成强大的水流。这些水流在特定地点的速度非常快，具有巨大的动能。为了利用潮汐能，可以在水流较强的潮汐区域安装特殊装置，如潮汐涡轮或潮汐发电机。这些装置通过水流的动能旋转，从而驱动发电机产生电能，随后将电能输送到陆地上，用于供电、储存或分配。

我国拥有丰富的潮汐资源，主要分布在东海、南海、黄海和渤海等沿海地区。虽然没有具体的储备量统计数据，但中国的沿海地区具有巨大的潮汐潜力。尽管我国拥有潮汐资源，但目前潮汐能的利用还相对有限。潮汐能项目主要集中在一些试验性和研究性质的项目，尚未建立大规模商业化的潮汐能发电项目。潮汐能的开发在中国仍处于初级阶段，但是在“双碳”目标下，随着技术的进步和市场机会的增加，我国将不断加大发展潮汐能项目的投资力度，潮汐能产业有望逐步发展壮大。

总的来说，潮汐能是一种潜力巨大的可再生能源，尤其在沿海地区具有重要作用。中国正在逐步认识到潮汐能的潜力，未来有望加大潮汐能的研究和开发力度，以提供清洁、可持续的能源供应。

5. 氢能

氢能的基本原理是将氢气（H_2）作为能源载体，替代现有的汽油等化石能源。由于氢能是一种清洁的燃料，它在燃料电池中消耗时只产生水蒸气，不会排放温室气体或其他有害物质。而且氢能的热值高，燃烧效率高，能更好地服务于发电、供暖、燃料电池驱动的交通工具等各行各业，所以氢能源被公认为下一代的主力能源。

（1）氢能的优劣势　氢能是一种可再生的能源，它可以从水、天然气和生物质等多种资源中生产，而这些资源都是丰富的或可再生的。氢能是一种高效的能源，氢气在燃料电池中与氧气结合时可以产生电力和热力，其效率高于内燃机。氢能与可再生能源有协同作用，它可以增加可再生电力的市场需求和灵活性，也可以扩大可再生能源的应用范围。

但是在当前阶段，氢能还存在巨大的劣势，主要表现为：

1）氢能的生产成本较高，它需要大量的能源来从水或其他物质中分离出氢气，而这些能源可能来自化石燃料或其他不清洁的来源。

2）氢能的储存和运输较困难，它需要高压或低温的条件来保持液态或气态，而这些条件会增加成本和风险。

3）氢能的安全性较低，它是一种易燃易爆的气体，如果泄漏或接触火花，可能会引发火灾或爆炸。

4）氢能的基础设施较缺乏，目前还没有广泛的氢气管道、加氢站或燃料电池车等设施来支持氢能的使用和普及。

（2）氢能的获取方式　根据氢气的获取方式，通常将氢能分为以下三类：

1）绿色氢能：绿色氢能是通过使用可再生能源（如太阳能和风能）来产生氢气，是最环保的氢气类型，不产生二氧化碳排放。其主要过程是通过将电流通入水（H_2O）中，可以将水分解成氢气（H_2）和氧气（O_2）。如图 5-13 所示，这个过程称为水电解，是一种常见的氢气生产方法。如果使用可再生能源（如太阳能或风能）来提供电力，那么水电解的氢气产生过程可以是无碳排放的。

2）灰色氢能：灰色氢能是通过化石燃料（如天然气）的蒸气重整过程产生的氢气，即通过将碳氢化合物（如天然气或甲烷）与水反应，可以生成氢气。这个过程称为蒸气重整，可以在工业和化工领域中获得氢气。这是最常见的氢气类型，但是制氢过程中会伴随着二氧化碳排放。

3）蓝色氢能：蓝色氢能是使用碳捕获技术来减少灰色氢的二氧化碳排放。这可以通过将二氧化碳捕获和储存（CCS）来实现。

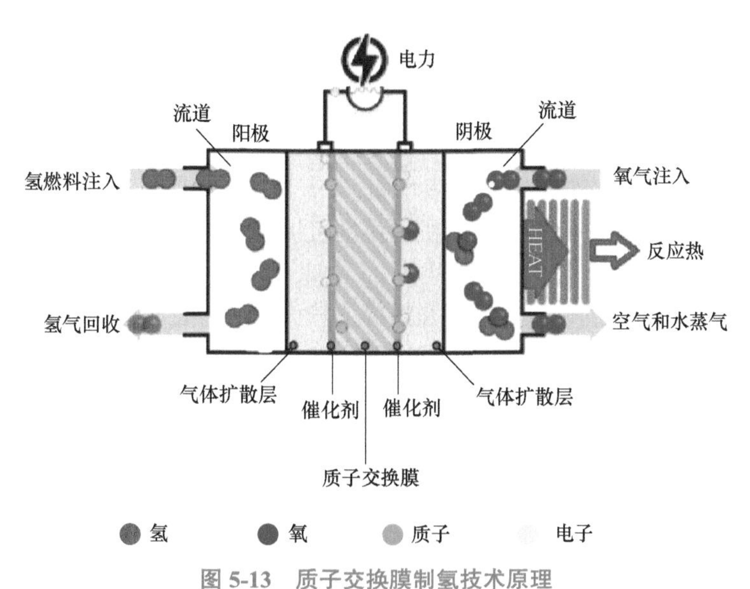

图 5-13　质子交换膜制氢技术原理

（3）氢能产业发展现状　氢能产业在全球范围内正在迅速发展，尤其是绿色氢的发展。一些国家已经制定了氢能战略，以推动氢能技术的发展和商业化应用。中国、日本、韩国、欧洲国家和美国等都在积极投资和推动氢能产业的发展。在以下行业中，氢能已经在逐步推广：

1）交通运输：氢燃料电池车辆（FCV）已经在一些地区投入使用。这些车辆使用氢气与氧气反应产生电能，驱动电动机。氢燃料电池汽车具有续驶里程长和充电时间短的优点。

2）电力生产：氢气可以用于发电，特别是在需要储能或调峰用电的情况下。燃料电池发电站可以使用氢气产生电能。

3）工业用途：氢气在工业领域有多种用途，包括化学工业、金属加工和电子制造等。灰色氢和蓝色氢通常在工业过程中使用。

4）供暖和制冷：氢气可以用于供暖和制冷应用。氢气燃烧产生热量，可以用于建筑供暖。

5）能源储存：氢气可以用作能源储存媒介，以在需要时释放储存的能量，有助于平衡电力系统。

总的来说，氢能作为一种清洁能源有着广泛的应用潜力，并且在全球范围内正受到广泛关注和快速发展。随着技术的进步和成本的降低，氢能有望在未来成为更为重要的能源形式。可以预计，在未来二三十年内，新能源和可再生能源将成为中国发展最快的新兴产业之一。

四、加大水电开发的力度

水力发电是一种利用水流的动能来产生电能的可再生能源形式，其基本原理如图 5-14 所示。

（1）基本原理　水力发电的过程包括三个步骤，首先，水流驱动涡轮机：水流从高处流向低处，具有动能。在水力发电厂中，通常通过建设水坝或堤坝来储存水，然后通过控制水流的释放，将水引导到涡轮机的叶片上。

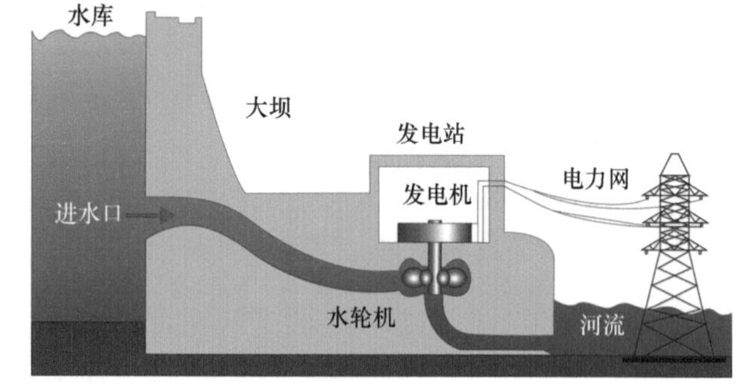

图 5-14　水力发电原理

其次，涡轮机运转：水流冲击涡轮机的叶片，使其旋转。涡轮机将水流的动能转化为机械能，旋转的轴连接发电机。

最后，电能生成：发电机通过涡轮机提供的机械能产生电能。这个电能可以传输到电力输电网中，供应给居民、工业和商业用户。

（2）中国水电产业发展现状　中国是世界上较大的水电发电国家之一，具有丰富的水资源。以下是中国水电产业发展的一些现状和特点：

规模庞大：中国拥有众多的水电站，包括大型水电站、小型水电站和微型水电站。其中，三峡水电站是中国最大的水电站，也是世界上较大的水电站之一。

清洁能源：水电是一种清洁能源，不产生大气污染物和温室气体排放，有助于减少碳排放。

电力供应：中国的水电发电厂通常用于满足电力需求的基础负荷，确保了电力系统的稳定性。

水资源调度：中国的水电站不仅用于发电，还用于水资源调度和洪水防控。这些站点在维护水资源的可持续性和管理洪水方面发挥了重要作用。

（3）水力发电的应用场景　水力发电的应用场景如下：

电力供应：水力发电是中国电力系统的重要组成部分，为城市、农村和工业提供了可靠的电力供应。

灌溉：水电站的水库可以用于灌溉农田，提高农业产量。

洪水防控：水电站可以调度水流，有助于减轻洪水对沿岸地区的影响。

生态保护：在水电站的设计和管理中，通常会考虑生态保护，以减少对水生生态系统的不良影响。

把水电开发放到中国能源结构调整的重要地位是由中国能源发展的国情决定的。我国是世界第二大能源生产国，也是世界第二大能源消费国，还是以煤炭为主要能源的国家。《中国的能源状况与政策》白皮书表明，2020 年，中国一次能源消费总量为 24.6 亿 t 标准煤。煤炭在一次能源消费中的比重为 69.4%，其他能源比重为 30.6%。其中，可再生能源和核电比重为 7.2%，石油和天然气有所增长。

如图 5-15 所示，水电是一种经济、清洁的可再生能源。说它经济，是因为水电与风能、太阳能等可再生能源相比是很好的调节能源，开发水电的同时还可以实现开发火电、核电等能源没有的防洪、灌溉、供水、航运、养殖业和旅游业等综合效益；说它清洁，是因为在水力发电过程中与太阳能、风能一样，不排放有害气体，不污染水资源，也不消耗水资源，没有核辐射危险。发展水电与燃烧矿物资源获得的电力能源相比较，无论在资源方面，还是在环境方面，都有利于可持续发展。因此，水电开发应该放在中国未来能源发展的优先地位。

图 5-15　加大水力发电规模

开发水电可以有效改善我国的能源结构。从我国能源供应结构来看，目前我国能源供应以煤为主，石油、天然气资源短缺，人均资源量约为世界平均水平的 10%，能源发展受到资源短缺和环境污染的双重约束，调整能源结构，减少煤炭在一次能源消费中的比重，是一项十分重要的任务。我国水能资源理论蕴藏量近 7 亿 kW，占我国常规能源资源量的 40%，是仅次于煤炭资源的第二大能源资源。我国是世界上水能资源总量最多的国家。根据目前的勘测设计水平，我国水电有 2.47 万亿 kW · h 的技术可开发量。如果开发充分，至少每年可以提供 10 亿 ~13 亿 t 原煤的能源。由此可见，开发水电可以有效改善我国的能源结构，利用好丰富的水能资源是我国能源政策的必然选择。

【课堂实践】

1. 分小组收集我国清洁能源的使用数据，包括但不限于风力、太阳能、水利、生物质能、地热能、核能等截至目前的使用数量，预测未来的使用比例。

2. 收集身边的清洁能源使用案例。

3. 分小组分任务汇报。

第二节

能源消费端减碳技术

【学习目标】

1. 了解能源消费端涉及的行业应用现状。
2. 了解消费端减碳的主要举措。

【能力目标】

1. 具有了解绿电的相关政策和应用方式的能力。
2. 具有认识氢能源的发展趋势的能力。

【素养目标】

培养在生活中使用清洁能源的意识。

【课堂知识】

当前，我国经济社会发展已进入新的历史阶段，能源使用一方面是经济发展的动力，另一方面会造成环境破坏与污染，并反过来影响经济以及社会的发展。从长期看，随着经济规模的扩大和人民生活水平的提高，我国的能源需求量还将持续增长，消费种类也将不断变化，面临的环境保护任务将十分艰巨。

能源消费端的减碳有几个关键词，一个是替代，就是用绿电、绿氢、地热等非碳能源替代传统的煤、油、气；另一个是集约。

一、低碳替代的应用领域

在能源消费端，减碳技术已经在以下九个领域逐步落实：

1）建筑部门将在三个方面发力。首先是对建筑本身做出节能化改造；其次是针对城市的建筑用能，包括取暖、制冷和家庭炊事等，都将以绿电和地热为主，如图 5-16 所示；农村的家庭用能则采用屋顶光伏 + 浅层地热 + 生活沼气 + 太阳能集热器 + 外来绿电的综合互补方式。

2）交通部门可着眼于五个方面。如图 5-17 所示，未来私家车以纯电动汽车为主；重型货车、长途客车可以使用氢燃料电池为主；铁路运输以电气化改造为主，特殊地形和路

段可采用氢燃料电池，同时发展磁悬浮高速列车；船舶运输行业中的内河航运可使用蓄电池为动力，远航宜用氢燃料电池或以二氧化碳排放相对较少的液化天然气作为动力；航空可使用生物航空煤油达到低碳目标。

图 5-16　建筑减碳

3）钢铁行业碳排放主要来自炼焦和焦炭炼铁，它可分为两阶段实现低碳化。第一阶段是对炼焦炉和高炉等的余热、余能进行充分利用，同时用钢化联产的方式把炼钢高炉中的副产品充分利用起来。第二阶段是逐步用新的低碳化工艺取代传统工艺，研发和完善富氧高炉炼钢工艺，炼钢过程中以绿氢作为还原剂取代焦炭，对废钢重炼用短流程清洁炼钢技术等。

图 5-17　交通减碳

4）我国建材行业的排放主要来自水泥、陶瓷、玻璃的生产，其中，80% 来自水泥。建材行业低碳化应从三方面研发技术，一是用电石渣、粉煤灰、钢渣、硅钙渣、各类矿渣代替石灰石作为煅烧水泥的原料，从原料利用上减少碳排放的可能性；二是煅烧水泥时，尽可能用绿电、绿氢、生物质替代煤炭；三是用绿电作为能源生产陶瓷和玻璃。

5）化工排放来自两大方面，一是生产过程用煤和天然气作为能源，二是用煤、油、气作为原材料生产化工产品时的“减碳”。例如用煤生产乙烯需要加氢减碳，其中加的氢如果不是绿氢，就会有碳排放，减的碳一般会作为二氧化碳排放到大气中。因此，化工行业的低碳化应从四个方面入手，一是蒸馏、焙烧等工艺过程用绿电、绿氢；二是对余热、余能进行充分的利用；三是适当控制煤化工规模，条件许可时尽量用天然气作为原料；四是对二氧化碳进行捕集—利用处理。

6）有色工业中的碳排放主要来自选矿、冶炼两个过程。在整个冶金行业排放中，铝工业排放占比在 80% 以上，因为电解铝工艺用碳素作为阳极，碳素在电解过程中会被氧化成二氧化碳排放。因此，冶金工业的低碳化一是在选矿、冶炼过程中尽可能用绿电；二是研发绿色材料取代电解槽中的碳素阳极；三是对电解槽本身做出节能化改造；四是对铝废金属做回收再生利用。

7）在其他工业领域中，食品加工业、造纸业、纤维制造业、纺织行业、医药行业等有一定量的碳排放，其排放来源主要有两个方面，一是生产加工过程中用的煤、油、气，二是其废弃物产生的排放。这些行业的低碳化改造主要在于用绿电替代化石能源，同时做好废弃物的回收再利用。

8）服务业是一个庞大的领域，但服务业以“间接排放”为主，即服务业用电一般被统计到电力系统碳排放中，运输过程中的用油一般被统计到交通排放中，建筑物中的用能（包括餐饮业的用气）被统计到建筑排放中，似乎“直接排放”的量并不大。但这样说，并不是说服务业可以置身于低碳化之事外，恰恰相反，服务业也有可以“主动作为”的地方，一方面是大力做好节能工作，另一方面是尽可能用电能替代化石能源的使用。

9）农业的碳排放主要来自农业机械的使用，与此同时，农业中的畜牧养殖业以及种植业是甲烷（CH_4）、氧化亚氮（N_2O）的主要排放源，而这两者的温室效应能力是同当量二氧化碳的数十倍至数百倍。从这样的前提出发，农业的低碳化一是农业机械用绿电、绿氢替代柴油作为动力；二是从田间管理的角度，挖掘能减少甲烷和氧化亚氮排放但不影响作物产量的技术；三是研发出减少畜牧业碳排放的技术；四是尽可能增加农业土壤的碳含量。

二、未来趋势：集约节约利用

在生态和环境保护的双重约束下，未来我国的能源消费必然向着集约节约利用的方向发展。

未来我国能源消费的总量仍然会有较大幅度的增长。首先是城乡居民的能源消费将持续增长，尤其是农村地区，这一趋势表现迅猛，这主要由于城镇化的推进所带来的能源消费潜力的释放，以及农村地区能源消费的升级换代带来的能源消费的增长。相对而言，能源供应的增长要明显慢于能源消费的增长，一方面国内的能源供应量有限，另一方面能源进口量受到相关国家限产措施的制约，因此未来我国能源的供需矛盾将进一步加剧。

与此同时，化石能源仍将长期占据能源消费的主导地位。统计数据显示，1953 年煤炭占据了我国能源消费的 94.3%，居于绝对主导的地位，石油、天然气以及水电、核电、风电等能源消费总量占比只有 5.7%。此后，煤炭资源在总的能源消费中比重开始逐步下降，但直到 2013 年煤炭的消费比重仍然维持在 66.0% 左右。石油消费所占的比重在 20 世纪 70 年代中期以前增长得较快，之后则维持在总体能源消费的 20% 左右。水电、核电、风电等这些相对较为新型的能源类型所占能源消费的比重保持稳步增长的趋势，反映出我国对这些能源的需求在随着经济规模的扩大而不断增长。但总体而言，化石能源在我国能源消费中的比重居于主导地位的现状难以在短期内改变。

我国新能源的开发和利用将不断深入推进。现今我国太阳能、风能和核能利用的增长速度较快，在实际生活中应用较为广泛。但是新能源的开发利用涉及开发的技术成本以及普及推广的经济成本，因此虽然未来我国新能源的开发和利用将不断推进，并将可能成为未来经济增长的一个关键点，但眼下还无法实现对化石能源的完全替代。

【课堂实践】

小组作业：编制行业减碳路径规划报告。

各小组领取各自的任务：

1. 查阅资料，选择与本专业相关或者本区域主要产业相关的碳中和路径。
2. 通过小组汇报交流，学习行业减碳路径报告的编制流程。

第三节
数字技术助力碳中和

【学习目标】

1. 了解政府在数字化转型中的作用。
2. 了解企业在数字化转型中的发展策略。

【能力目标】

1. 认识数字化对于实现碳中和的意义。
2. 了解数字经济对当前产业发展的影响。

【素养目标】

思考数字经济的技术条件下，如何减少碳排放的举措。

【课堂知识】

当前，我国正在全面迈进数字经济新时代，产业数字化、数字产业化进程方兴未艾，数字经济新技术、新产品、新业态不断涌现，正在深刻改变人们的生产生活方式。《中共中央关于制定国民经济和社会发展第十四个五年规划和二〇三五年远景目标的建议》（后称《建议》）提出，要加快数字化发展。《建议》在发展数字经济、加强数字社会与数字政府建设、推动数据资源开发利用以及提高全民数字技能，实现信息服务全覆盖等方面提出了明确要求。总体来看，数字经济有助于提高整个社会的信息化和智慧化水平，提高资源配置效率，总体有利于减少碳排放，尽早实现碳达峰、碳中和。

那么，从数字经济助力碳减排的角度来看，有哪些主要切入点和着力点？从参与者的角度来看，需要政府和企业协同发力，共同推动碳达峰、碳中和；从应用场景看，应当全面推进数字技术的应用，实现数字技术全面赋能。

一、政府角度：完善数字化平台建设

加快数字城市建设。城市及和城市相关建筑占全球能源需求的比例约 65%，通过加快数字城市建设，可以大幅提高城市的运行效率，从而减少碳排放。通过将连接设备、网

络、云端、数据分析、机器学习和移动应用程序植入到城市建筑和基础设施中，提高城市的感知力和智慧化运营水平，从而减少能源消耗和碳排放。具体包括通过智慧交通建设显著减少城市拥堵；通过智能照明、智能空调等设备减少耗能设备的无效运转；通过城市智能能源系统建设，如分布式光伏电站、智能电网等，提高城市能源的自给能力，减少能源浪费。

推进生态资产数字化。如图 5-18 所示，当前我国正在大力推进生态产品价值实现机制建设，而生态产品价值实现的基础是生态服务功能的维持和增强。为此，应加强对生态产品的数量和质量监测，并提高其信息化水平。赋予每一生态产品以数字身份，便于对其进行跟踪和管理。建立相关生态产品信息平台，对其面积、数量、质量和权属等进行跟踪监测，实现生态价值实时核算，动态更新。对于能够进入市场交易的生态产品，如生态农产品、森林碳汇等，建立和完善交易平台，方便供需对接，提高交易效率。通过信息化建设打通生态产品价值与自然资源资产负债表、国土空间规划、生态文明建设绩效评价等相关制度之间的联系。通过生态资产数字化为生态产品价值实现创造条件，激发绿色经济活力。

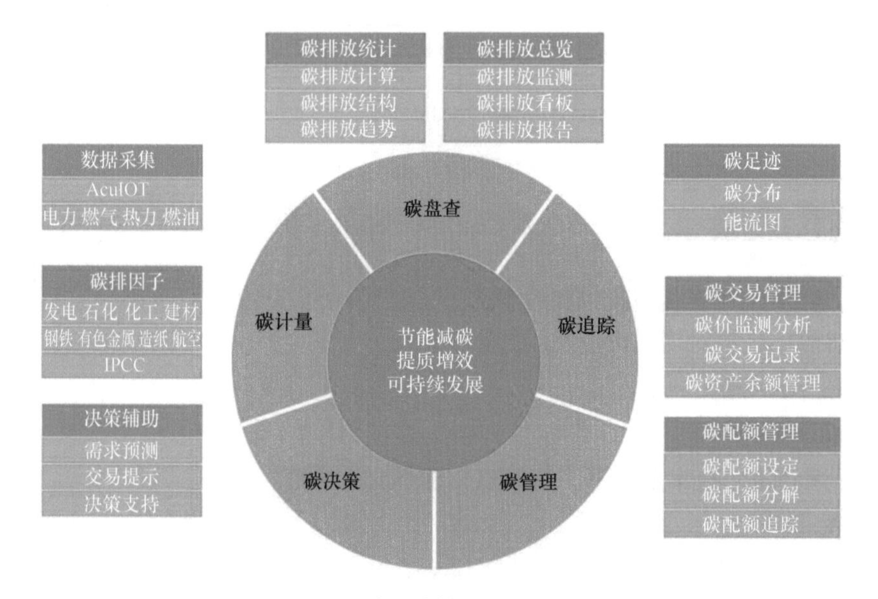

图 5-18　碳排放管理信息化平台

完善碳排放信息管理系统。2020 年 3 月，我国的碳排放权交易系统基本建成，生态环境部已经对全国 2000 余家电力企业分配了碳配额，全国性碳排放权交易启动。在碳达峰、碳中和背景下，未来涉及碳排放的企业都需要对自己的碳排放数据进行管理，建立以企业为单位的碳排放信息系统。这一系统至少应具有以下功能：一是实时监测企业的碳排放情况，形成碳排放报表；二是要具有统计分析、查询、预测、预警和决策支持功能；三是碳交易功能，企业可以通过信息系统买入和卖出碳指标。同时，通过人工智能对获取的大数据进行分析，金融机构可以直接勾画出整个企业的碳足迹，估算出其真实减排力度。

二、企业角度：自发、积极参与数字化转型

对于数字经济企业而言，亟须从自身出发积极参与到碳达峰碳中和工作中。具体而言，主要有以下几个方面：

1）数字企业应尽力减少自身的碳排放。尽管大部分数字产业绿色化水平较高，但也有一些属于高耗能之列，特别是大数据中心和 5G 基站。例如，美国数据中心的耗电量占

社会总用电量的比例超过5%；2018年，我国数据中心的耗电量占社会总用电量的比例也达到了2.35%，在“十四五”期间还会进一步提高。对此，数字产业应通过技术创新尽可能减少自身的能源消耗和碳排放。国内外一些企业已经开始了相关探索。例如，谷歌自行开发了高能效制冷系统，把数据中心的耗能量降到了行业平均值的一半；“阿里云”杭州数据中心将服务器浸泡在特殊冷却液中，PUE（电源使用效率）逼近理论极限值1.0，每年可节电7000万度，节约的电力可以供西湖周边所有路灯连续亮8年。

2）数字企业应率先实现自身的碳中和。当前，很多钢铁和电力等企业已经提出了碳达峰、碳中和时间表，数字企业更应积极行动，率先实现碳中和。例如，微软宣布将在2030年之前实现碳中和，并在2050年消除公司自1975年成立起所排放的碳总量。为了实现这个目标，微软不仅通过购买可再生能源电力，以满足数据中心的日常电力需求，还提出在2030年前用低碳燃料（如氢气）取代柴油发电机等作为数据中心的备用电源。腾讯公司在2021年年初提出了碳中和目标，并以数据中心提效、智慧能源、智慧交通、绿色农业等为抓手积极推进。蚂蚁集团也提出了碳中和承诺，并预计在2030年达成目标。

3）数字企业参与森林碳汇建设。如图5-19所示，通过植树造林增加森林碳汇，是企业履行社会责任、削减温室气体的重要途径，不仅有利于树立企业的正面形象，也具有实实在在的经济和社会效益。对此，蚂蚁森林的做法具有一定代表性。蚂蚁森林将公众选择绿色生活方式减少的碳排放量计算为虚拟的“绿色能量”，用来在手机里养大一棵棵“虚拟树”。待虚拟树长成后，蚂蚁森林和公益合作伙伴就会在荒漠化地区种下一棵真树。通过这种方式，蚂蚁森林极大地调动了全社会的减碳热情。根据中国科学院生态环境研究中心与世界自然保护联盟（IUCN）联合发布的《蚂蚁森林2016—2020年造林项目生态系统生产总值（GEP）核算报告》，2016—2020年蚂蚁森林累计种植真树超过2.23亿棵，种植总面积超过306万亩，累计碳减排超1200万t。相信今后我国会有更多企业加入国土绿化和生态建设，数字企业更应利用自身优势加大碳汇建设力度。

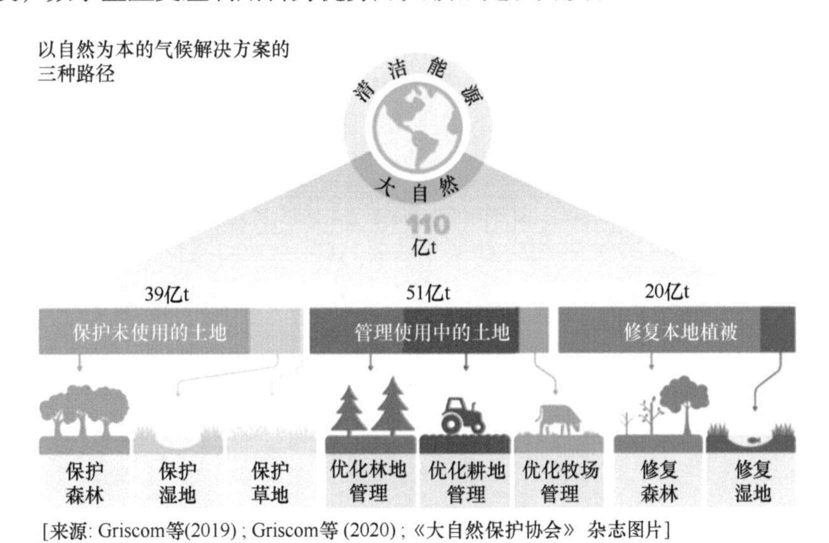

图5-19　森林碳汇体系

4）数字企业可为碳减排研究提供资金支持。目前，碳捕集、碳封存、碳利用等技术还不成熟，急需加大研究力度。数字产业利润水平总体较高，可通过项目资助、设立基金等方式支持相关技术研究。亚马逊创始人杰夫·贝索斯宣布将成立一个规模100亿美元的地球基金，主要用于资助科学家、气候变化活动家和非政府组织开展应对气候变化相关研究工作。特斯拉创始人埃隆·马斯克宣布将拿出1亿美元奖励最优秀的碳捕获技术。2020年1月，微软宣布将投资10亿美元设立气候创新基金。

三、技术角度：数字技术全面赋能

企业应当明晰数字化战略与愿景，推动组织及管控模式优化，开展数据驱动的经营决策，逐步将零碳转型和能源转型融入数字化转型战略，成为企业级转型战略的重要组成部分，具体可以从以下方面加以执行：

1）开展数字化转型顶层设计。制订数字化转型规划，推动数字化项目建设，促进数字治理体系优化，提升数字化能力并持续改进数字化运营；数字化转型应结合零碳转型和能源转型的业务需求，从平台、数据、算法、算力等方面提供支撑。

2）数字赋能及价值创造。搭建数字平台，实现平台赋能、数据使能；开展能源生态体系建设，推动能源大数据共享，挖掘能源大数据价值，实现商业模式、业务模式、产品服务和生态整合创新。

3）数字化转型变革管理。培养企业和员工的数字素养，培育数字文化、变革文化，构建数字化转型的人才队伍，培养新技术、业务与数据管理相结合的跨域人才，是数字化转型成功的重要保障。

【课堂实践】

查阅资料，为一家油气生产企业拟定一份数字化转型的发展战略。参考的内容提纲如下：

1. 环境分析，油气生产企业的 PEST 分析。
2. 竞争环境分析，行业的数字化转型发展现状。
3. 数字化转型的路径和策略。

第四节

碳捕集、利用和封存技术（CCUS）

【学习目标】

1. 了解碳捕集、利用和封存的基本原理。
2. 理解应对气候变化就是保护人类自己。

【能力目标】

具有碳捕集、利用和封存等负碳技术应用的能力。

【素养目标】

思考负碳技术的应用推广价值，培养学生的可持续发展思维。

【课堂知识】

一、CCUS 的概念

CCUS 全称是 Carbon Capture，Utilization，and Storage，即碳捕集、利用与封存。CCUS 是未来碳中和重要的创新领域。

CCUS 是在碳中和领域一套重要的技术组合。如图 5-20 所示，CCUS 包括如何从发电厂、使用化石能源的工业设备甚至空气中捕获以二氧化碳为代表的含碳废气，而后对其进行循环利用或者选择安全的方式对捕获的碳进行永久封存。此外，如何对含碳废气进行压缩和运输也是该技术组合中的关键。自 2017 年以来，全年范围内宣布了超过 30 个 CCUS 基础设施的建设计划，主要分布在美国和欧洲，在澳大利亚、中国、韩国、中东和新西兰也有类似的项目计划，总投资规模接近 270 亿美元。当前对 CCUS 的投资显著不足，每年的投资额在全球清洁能源技术投资中占比不到 0.5%。伴随着技术的进步，全球范围内对 CCUS 的投资热情正在逐渐增加，新的投资方向涵盖发电、水泥、氢气等设施领域，全部投产后预计全球范围内的碳捕捉可以达到每年 8000 万 t 的规模。

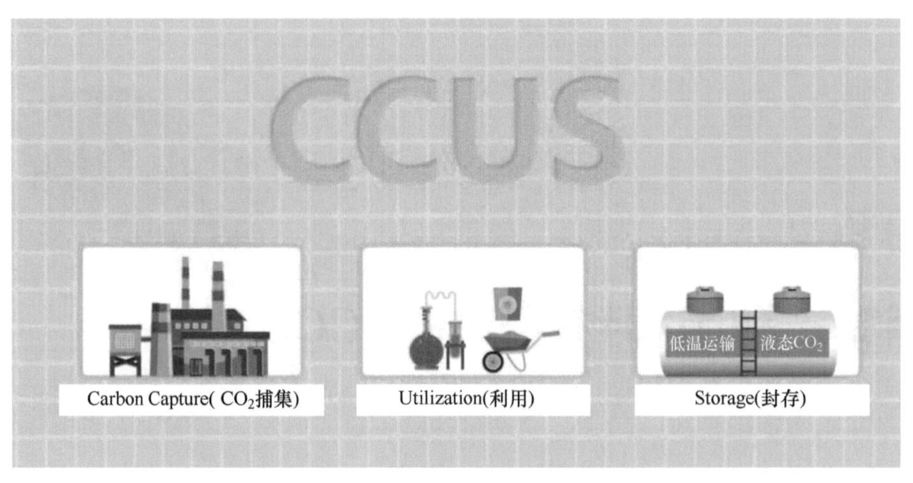

图 5-20　碳捕集、利用和封存技术

二、CCUS 在工业领域的应用

CCUS 具体可以通过以下几种渠道促进碳中和：

1. 解决现有能源设施的碳排放问题

可以通过 CCUS 对现有的发电厂和工厂进行改造并减少其碳排放。根据 IEA 估算，全球当前的能源设备在它们的剩余生命周期内还能排放 6000 亿 t 二氧化碳（相当于当前每年碳排放量的 20 倍）。典型的如煤炭设备，2019 年全球 1/3 的碳排放来自煤炭排放，其中，60% 的设备在 2050 年仍将处于运营状态且多数设备位于我国（我国煤炭设备的平均剩余使用寿命约为 13 年）。对于这类设备，积极运用 CCUS 是实现节能减排为数不多的技术解决方案。

2. CCUS 是攻克工业领域碳减排的核心技术手段

CCUS 当前主要应用于天然气以及化肥生产领域，原因是这些领域当前可以以较低的成本捕获含碳废气。在其他重工业生产领域，CCUS 已经是最具性价比的减排手段，但当前使用深度仍然显著不足。例如，CCUS 是水泥生产领域深度减排的唯一技术解决方案，也是目前实际应用中减少钢铁和化工领域排放最具性价比的技术手段。

3. 在二氧化碳和氢气的合成燃料领域有重要应用

根据国际能源署的可持续发展设想，CCUS 是生产低碳氢气的两种主要方法之一。到 2070 年，在可持续发展情景下，全球的氢气使用量将增加 7 倍，达到 5.2 亿 t。其中，60% 将源自水电解，40% 将源自配备了 CCUS 设备的化石燃料生产设备。如果全球在 2050 年实现碳中和，则 CCUS 的投资规模至少需要在当前的规划基础上增加 50%。

4. 从空气中捕获二氧化碳

根据国际能源署的中性预测，当全球实现碳中和后，以交通和工业为主的部门仍将产生 29 亿 t 的碳排放，这部分排放必须依靠从空气或生物能源中捕获二氧化碳并进行储存处理的方式才能抵消。当前已经有小部分设备处于运行状态，其弊端在于成本过高需要通过技术进步的方式改善。

三、CCUS 在居民生活中的应用

在紧凑的“碳中和”时间表安排下，生活的部分领域也可能涉及碳中和技术，而且随着技术创新的推动，在生产生活领域进行深度碳中和技术应用将是大势所趋。

在交通运输方面，乘用车将逐渐由汽油车向新能源汽车转化，包括电动汽车和氢能源汽车等，这一转变已经逐渐发生。城市中对地铁、轻轨和电动巴士的新投资以及对城市之间高速铁路的投资，降低了乘客出行的能源强度。提高燃料效率和使用低碳燃料实现了公路货运、航运和航空业的减排。到2060年，通过采用电气化、清洁的区域供热和提高能效等措施，建筑部门的直接二氧化碳排放量下降95%以上。在建筑部门方面，主要是住户供暖、制冷产生的直接含碳废气排放，这一领域可能通过CCUS技术体系中碳捕获技术的发展实现。当前，物理吸附技术仍处在持续创新状态，未来技术发展可能使物理吸附设备的迷你化、家用化成为可能，以活性炭、金属氧化物等物质为基础，发展出小型物理吸附设备用于家用供暖与制冷设备，吸收含二氧化碳的气体，从而减少家庭碳排放。在这一过程中可能需要解决两项技术难点：一方面是需要研究使用对人体无害的碳吸附物质以及相关设备；另一方面是需要对家用设备管道进行改造，通过温度或压力调节释放纯净的二氧化碳并循环使用碳吸附物质，同时对捕获的碳气体进行传输和集中处理。

四、CCUS技术的创新发展趋势

未来在CCUS中的技术创新预计将围绕捕获、运输、储存和利用四大核心领域开展。

1. 捕获方面

当前，碳捕获的主要技术有化学吸收和物理隔离。化学吸收分为两个环节，首先使用可以吸收二氧化碳的化学溶剂捕获含二氧化碳等多种化学物质的气体，然后在溶剂中分离出纯净的二氧化碳。这一技术目前在全球范围的多个CCUS设施中广泛应用，主要应用于发电厂和工业设施。物理隔离是利用活性炭、氧化铝、金属氧化物或沸石等物质吸收含二氧化碳的气体，然后通过温度或压力调节释放纯净的二氧化碳，该技术主要应用于天然气厂。

此外，还有膜分离、钙循环、化学循环等技术正在探索之中，未来可能成为重要的创新方向。膜分离技术的基础是选择性捕获二氧化碳气体的化合物装置，可以高效地捕获和分离二氧化碳气体，目前美国国家碳捕获中心、天然气技术协会、能源部能源技术实验室正在加速研发多种膜分离技术。钙循环也是一种新型碳捕获技术，使用生石灰（CaO）作为吸附剂来捕获二氧化碳并形成碳酸钙（$CaCO_3$），随后碳酸钙进行分解产生生石灰和纯净的二氧化碳，前者可以进行循环利用，这一技术在钢铁和水泥生产领域有较好的应用前景。化学循环是使用金属氧化物对碳气体进行捕捉的技术，在煤炭、天然气和石油等能源领域有广泛的应用空间。碳捕获技术的最大难点是根据二氧化碳浓度、操作压力、温度、气体的流速以及设备成本选择合适的技术解决方案。伴随着捕获技术的不断创新，未来碳捕获的能力和效率将进一步提升。

2. 运输方面

建立安全可靠的基础设施运输二氧化碳是CCUS的重要基础。当前，最主要的运输手段是管道，其次是船舶（采用液化的方式运输）。当前，北美已经有了总长超过8000km的二氧化碳运输管网。这一领域的创新方向主要是对现有的油气运输管道进行评估和改造再利用，改造成本往往比新建管道的成本更低。根据IEA估算，改造现有管道所需的投资估计为新建管道成本的1%~10%。这一领域的技术难点在于如何增加老旧管道的抗压能力。石油或天然气运输要求的压强较低，二氧化碳运输要求的压强较高，需要通过进一步创新解决这一技术难点。

3. 碳利用方面的技术创新

全球当前每年二氧化碳消费量约为2.3亿t，最大的消费行业是化肥生产业，每年二氧化碳消费量约为1.3亿t；其次是石油和天然气行业，为提高石油采收率，每年消费二氧

化碳为 7000 万 ~8000 万 t。未来应通过技术创新开辟更多二氧化碳的利用途径。第一个创新方向是进一步完善将碳和氢气一起用于生产碳氢合成燃料的技术，目前正在运行的最大工厂是位于冰岛的乔治奥拉工厂，该工厂每年利用可再生电力产生的氢气将大约 5600t 二氧化碳转化为甲醇；第二个创新方向是将二氧化碳作为化石燃料的替代品用于工业品生产（部分化学品需要融入碳元素，以增强其结构的稳定性），目前已有一家德国公司 Covestro 对该技术进行初步运用，该公司每年可以生产约 5000t 的聚合物，二氧化碳在生产过程中替代了 20% 的化石燃料；第三个创新方向是将二氧化碳用于建筑材料生产，例如二氧化碳可以在混凝土中替代水的作用，这一技术被称为“二氧化碳养护”，二氧化碳可以与矿物质反应生成碳酸盐并加固混凝土。与传统建筑材料相比，一些加入二氧化碳的建筑材料具有更为优越的性能。典型案例如两家北美公司 CarbonCure 和 Solida 在二氧化碳固化技术研究领域处于领先状态，预计 2021 年将有 5~6 座工厂正式投产。上述技术尚未成熟，大多尚未展开大规模应用，伴随技术的持续创新将产生更广泛的应用空间。

4. 碳储存方面的技术创新

当前主要的碳储存方式是将捕获的二氧化碳注入地下深处，当前适合储存二氧化碳的深度为含盐地层以及油气地层。为了适应不同地理位置的储存需要，未来可以通过技术创新进一步开拓更多的碳储存地点。例如玄武岩层和盐碱含水层具备储存碳的条件，当前的技术研发正在积极探索其碳储存的可能性。当前的研究认为北美、非洲、俄罗斯以及澳大利亚都有较强的碳储存潜力。除了陆地储存外，海洋也有较大的潜在储存空间。根据当前的研究现状，如何因地制宜开发合适的碳储存场所，如何防止二氧化碳泄漏回到大气层或污染地下水，如何合理控制碳储存的成本都是碳储存的研究难点。根据 IEA 分析，碳储存场所的开发可能成为未来推进 CCUS 和碳中和的重要制约因素。

综上所述，从碳排放大户的分类来看，在生产场景，电力部门和工业部门的技术更新对生产场景影响较大；在生活场景，交运部门和建筑部门的影响较大。未来，生产领域将形成“电力生产低碳化 + 能源消费电气化”的特征，即发电过程中尽量不产生二氧化碳，其他工业生产能用电尽量用电。在发电方面，光伏、风能发电技术已日臻成熟，伴随储能、特高压、IGBT 等技术不断创新，未来“风光”将成为主力能源。在工业方面，伴随清洁电能的成本逐渐降低和碳权价格不断上升，生产中所需要的高温环境将由可再生能源提供，生产过程中的化学方程式等号右边出现温室气体的比重也将逐渐降低，炼钢行业“绿氢 + 电炉”、水泥行业“清洁供热 + 熟料替代”、化工行业“氢化工 + 新材料”将逐渐成为主流。

【课堂实践】

绘制思维导图：

1. 找一找各行各业的 CCUS 技术。
2. CCUS 应用的行业有哪些？请绘制 CCUS 应用场景思维导图。
3. 以小组为单位，展示汇报小组成果，汇总形成最终的思维导图。

第六章

实现碳中和的市场机制

【本章导读】

在本章我们要了解学习的是碳减排的一个重要的政策工具——碳排放权交易市场（俗称“碳市场”）。碳排放权交易市场是碳中和战略的一个重要组成部分，它提供了一个机制，让组织、企业和个人可以通过购买碳配额或碳信用来抵消其自身的碳排放。碳排放权交易市场这个政策工具基本的原理，就是建立一个碳排放总量控制下的交易市场，使市场机制在碳排放权配置上发挥决定性作用，进而以较低的社会成本实现温室气体排放控制目标。

《京都议定书》规定了三大机制，启动了国际碳交易和碳资产的发展之路。经过多年的发展，欧盟、北美、亚洲等各区域的碳交易机制都有不同程度的发展。于2005年正式启动的欧盟碳市场，是目前全球规模最大、启动最早且最成熟的碳市场，经过多年的发展，其政策设计趋严且逐渐完备，为世界其他地方碳市场的建设发展提供了很好的经验借鉴。

全国碳排放权交易市场包括一个强制市场和一个自愿市场。

强制市场指的是全国碳排放权交易市场。2021年全国碳市场开启交易，数据质量比较好的电力行业首批纳入交易，交易的是配额产品（CEA），即政府分配给重点排放单位的碳排放额度。纳入碳市场的重点排放单位拥有政府分配的碳配额且需要在规定时间内完成配额清缴（碳排放履约）。配额管理制度、监测报告制度（MRV）、市场交易及监管制度共同构建了全国排放权交易市场的基本运行结构，数据报送系统、注册登记系统、交易系统为整体运行提供了技术平台保障。

自愿市场指的是CCER（China Certified Emission Reduction）交易市场，是全国碳排放权交易市场的有效补充。自愿减排市场交易的是碳信用，是核证减排量。核证减排量CER由一定机制核证的自愿减排项目产生，通过自愿减排量实现，是一种碳抵消机制，主要用于在自愿减排市场中满足企业社会责任的需求。同时，在全国碳排放交易市场中，高排放企业在初始免费配额不够的情况下，可以从其他履约企业或政府处购买配额，也可以利用购买CCER项目进行部分抵扣，以达到最终实际碳排放量的清缴。

对于普通公众和小企业日常的绿色低碳的生产方式和生活方式，也逐渐形成了一个碳普惠的市场机制。它把碳交易的核心理念应用到了民众的日常生活中，遵循节能减排“人人有责、人人有利、人人有权”的原则，建立了一套“碳币”信用体系，将公众的低碳行为以碳积分的形式量化并予以激励，鼓励所有人参与到绿色低碳生活方式的实践中。

【思维导图】

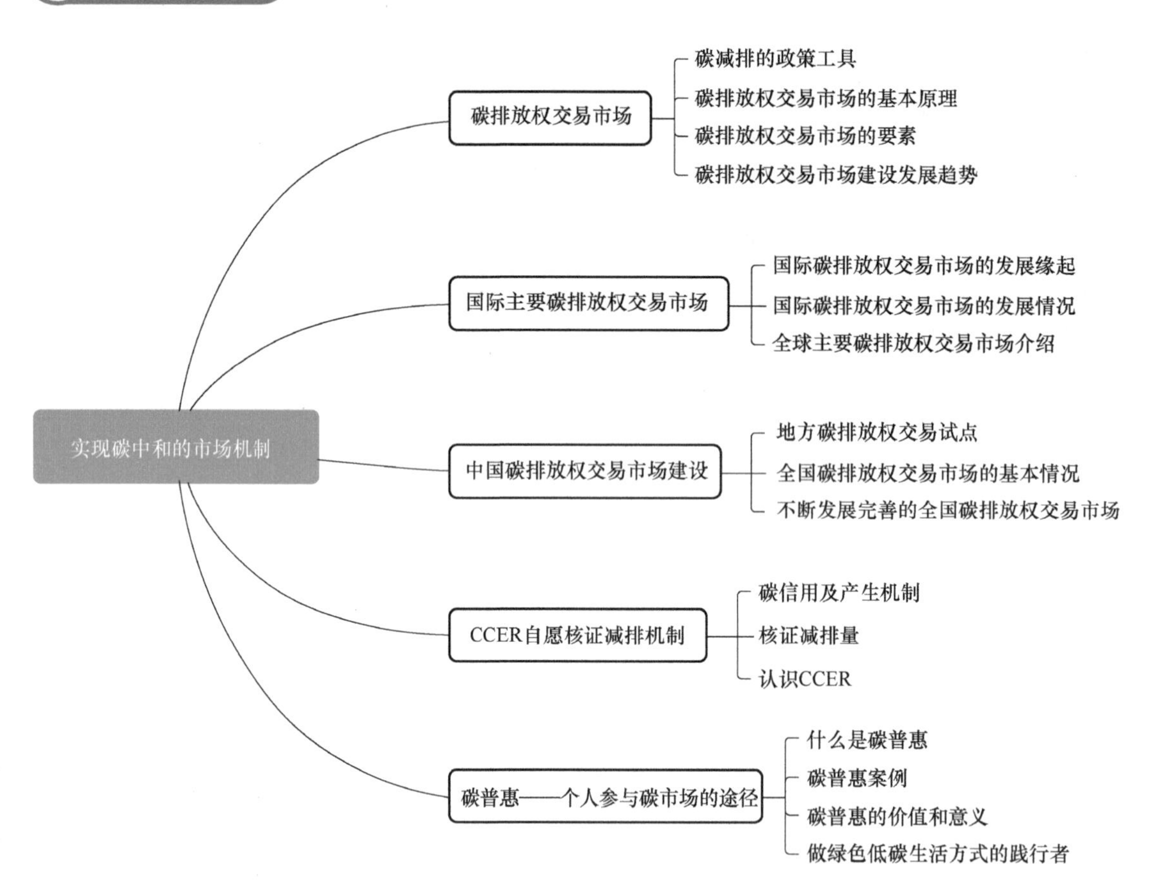

【开篇故事】 空气也能造富

蔚蓝的天空无边无际，远处的朵朵白云如棉花糖般柔软可爱，雨后的蓝天如此明净，如此清新，不远处的森林公园一片油油的碧绿，展示着万物的勃勃的活力，这种活力似乎正在通过纯净清新的空气向四处撒播。

站在集团高层办公楼的高总不由自主地打开窗户，让外面的新鲜空气和早春的活力一起进来。站在窗边，他不由自主地看了看下面的集团化工厂区。厂区安静地扎在一片绿树湖泊中，看不到一丝粉尘，白墙绿瓦，真像是一个乡镇里的小学。看来年初投入重金进行生产线节能减排改造还是值得的，高总想着。可是带来的结果就是公司短期内的现金流和财务情况比较艰难，这真是个头疼的事情。

正在想财务困难的时候，财务总监敲门进来了，汇报了近期财务压力问题，目前最为紧迫的就是集团去年考察的一个海外公司，按照计划所需的并购资金可能无法按计划到位了。

“目前这个海外项目对我们的产业链配套很有价值，近期对方主动降价，给了一个很有诚意的价格，不趁机并购还是可惜了。”财务总监补充说道。

“银行那边你再沟通下，能不能再贷些款？”高总问。

“这个银行需要抵押物，我们原来的额度也用完了。暂时没有新的资产可以抵押……哦，我再去试试。”财务总监神态有些为难。

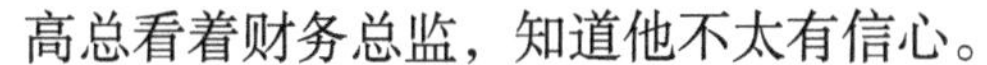

高总看着财务总监，知道他不太有信心。

“有新资产了，我们有金融机构认可的碳资产可以抵押啊。”正在这时，从开着的门口进来的节能减排部门的小黄主任说道。

“你们部门向来都是负责花钱的成本部门，会有什么新资产呢？”财务总监对这个年轻人没有恶意，但是一直觉得他的工作只有社会效益，没有经济效益。

“我们年初改造了生产线，实实在在地减少了非常多的碳排放，我们今年的碳排放配额富裕了很多，我们自己富余的碳配额，还有去年低价时候采购了点 CCER，这些都是碳资产啊。公司缺资金就可以卖出去补充现金流啊。你看，今年的碳价 1t 比去年还涨不少呢。”小黄主任有些兴奋，把手里的明细递到了财务总监手里。

财务总监接过资料，赶紧打开手机里的计算器核算了下，神情有些惊讶也有些惊喜，“确实不少呢，但是离并购项目的钱差很多。”

“一些金融机构开始对于未来的碳资产可以根据测算和评估给贷款额度了，这个是不是又可以多出好多现金？”小黄说道。

“这个我得好好研究下。”财务总监点头道。

“高总，还有一个事情，上次您让我研究的国外公司，我测算了下，如果欧盟碳价在每吨 150 欧元以上，这家公司的主营业务就可能亏损。目前看，欧盟碳价到 150 欧元是很有可能的。”小黄认真地向高总汇报。

“怪不得最近他们主动降价呢！”财务总监道。

“我认为他们还要打 7 折才合适，我们收购后要么投钱改造产线，要么付出碳排抵消的费用，这两种方法都会导致投入增加很多。”小黄继续说道。

“这个收购还要慎重，我们要重新评估和谈判。”高总对财务总监认真地交代。

“小黄，你们部门一直说要再招个人，我看可以尽快再招一个，好好辅助你做好集团碳资产开发管理工作。”

小黄突然有种幸福来得太突然的感觉，要知道，他这个部门一直被认为是辅助的花钱部门，一个部门就他一个人，一直不受重视。

“谢谢高总，我一定好好干。”小黄主任高兴地说道。

第一节

碳排放权交易市场

【学习目标】

1. 了解碳排放权交易市场的基本原理要素。
2. 理解碳排放权交易是目前可行的碳减排政策工具。

【能力目标】

1. 理解碳减排总量设定与“双碳”目标工作的关系。
2. 了解碳核算、报告与核查制度的基本工作原理和流程。
3. 提高项目管理、制度建设的能力。

【素养目标】

加深对绿色资产的金融价值理解。

【课堂知识】

一、碳减排的政策工具

对于各个行业具体的生产和生活过程，都可以通过技术改造和能源替代等方式实现减碳行为，这些是减少碳排放具体的技术路径。对于全社会来讲，也需要采取一定的政策工具管理和促进全社会的低碳减排进程，同时控制好整体的减排成本。总体来讲，针对碳减排，主要的政策工具有以下三类：

1）命令型：强制减排、关停。其优点是行政成本低，施行快速，见效快；缺点很明显，会破坏生产节奏，影响经济发展、就业和社会稳定。

2）财税型：例如征收碳税。碳税是针对化石燃料（如石油、煤炭、天然气）以其碳含量或碳排放量的比例为基准所征收的一种税种，是直接对碳排放行为惩罚性和补偿性收税行为。其优点是规则制度比较简单，容易计算、执行，还可以给财政创收；缺点是增加产品成本和价格，影响出口竞争力。

3）市场型：建立碳排放权交易机制，其核心思想是建立一个碳排放总量控制下的交

易市场，使市场机制在碳排放权配置上发挥决定性作用，进而以较低的社会成本实现温室气体排放控制目标。碳市场中参与者交易的标的是碳排放权，碳排放权的总量由政府控制，以碳配额的形式投放到市场。对于碳排企业而言，只有拿到了相应的碳排放权，才可以进行二氧化碳的排放。企业可在二级市场自由交易碳排放权；由于受到经济激励，减排成本相对较低的企业会率先进行减排，并将多余的碳排放权卖给减排成本相对较高的企业，并获取额外收益；同时，减排成本较高的企业通过购买碳排放权可降低其达标成本，最终实现社会减排成本最小化。可以说，碳交易是利用市场机制引领低碳经济发展的可行之路。

二、碳排放权交易市场的基本原理

碳排放权交易市场的基本思路和原理是碳排放权的总量由政府控制，以碳配额的形式投放到市场，对于被政府纳入碳排放交易市场管理的企业来讲，只有被配置了相应的碳排放权，才可以进行二氧化碳的排放。如图 6-1 所示，A、B 企业都是被纳入管理的控制排放企业（简称“控排”企业），同年度各自获得了 100t 的碳排放配额。可是经过核查的实际排放量数据结果是 A 企业的实际排放量为 120t，超过了它获得的碳排放配额指标，缺口 20t，那么就需要去碳交易市场购买配额指标 20t 才能完成清缴履约。B 企业因为采取了各种节能减排措施，实际排放量为 80t，少于获得的碳排放配额 100t，那么富余的 20t 就可以拿到碳排放权交易市场上交易了。A 企业和 B 企业就可以完成这个交易。在这个过程中，A 企业多排放碳，同时付出资金成本，B 企业减少了排放获得了财务补偿，在整个过程中，国家发放的碳排放指标并没有增加，总量得到控制。

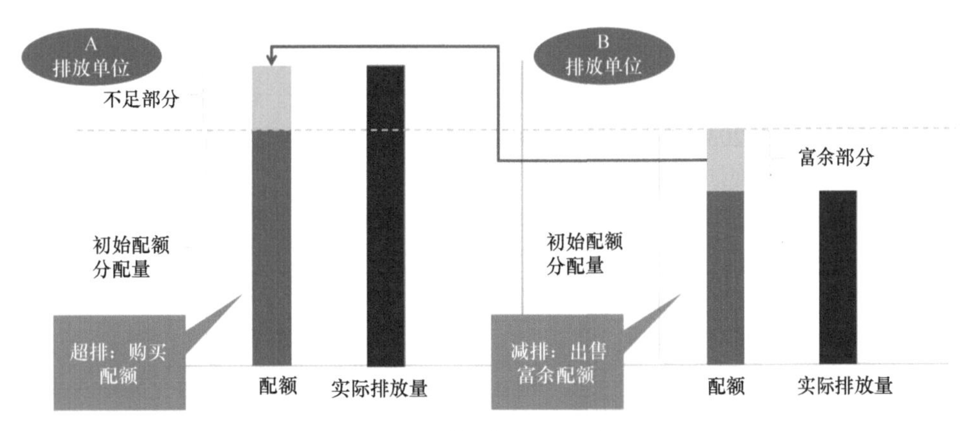

图 6-1 碳市场基本原理图

当然，以上是一个简单的示意模型，在实际的操作过程中，在实际排放量核查结果出来前，A 企业的相关管理人员基于预判会提前在碳排放权交易市场上购买碳排放指标备用。B 企业也有可能基于对未来碳排放权交易市场价格的乐观预期，暂时不出售富余的排放指标，作为企业的碳资产储备，等到价格合适时再出售。所以，在具体的交易市场，交易主体会有各种策略的采用，交易市场也可以出现预售或者期货等各种交易形态，管理部门对于配额的交易周期和清缴方式也可能做更多具体的规定。

三、碳排放权交易市场的要素

1. 法律基础

碳排放权作为交易商品，其需求、可交易程度和交易规则主要是依靠法律来决定的。碳排放权交易市场是一个完全由环境和能源法律政策促生的外部性产品市场，其持续生存

与法律政策的导向及执行情况关系极为密切。可以说，立法对碳排放权交易市场的发展起到基础和保障的作用。反过来，如果没有相关法律的制定和执行，那么就不存在碳排放权交易市场。

目前，《联合国气候变化框架公约》以及《京都议定书》是各国气候变化立法的主要国际法依据。

欧盟2003年10月出台的《在欧盟建立温室气体排放权交易机制指令》（Directive 2003/87/EC）是欧盟规范碳排放权交易的基础性法律文件。指令为欧盟温室气体排放配额交易机制设计了基本原则和制度，规定了排放交易机制适用的范围，温室气体排放许可的条件和内容，排放权批准、分配、转让、放弃和注销的相关方法和程序，成为欧盟排放交易机制运行的最根本的法律保障。在2004年，欧盟对该指令进行了修改，增添了将欧盟排放权交易机制与《京都议定书》的灵活机制连接的内容（被称为“连接指令”）。该指令的核心是承认《京都议定书》项目机制的信用额相当于欧盟排放交易机制的排放配额，允许欧盟排放交易机制内的企业使用项目机制的信用额以满足其减排义务，从而搭建了欧盟排放交易体系与京都机制以及其他国家（如日本和加拿大）的排放交易机制的桥梁。2009年，欧洲委员会对排放权交易机制指令进行了再次修改，改善并扩大了现有的排放权交易机制的适用范围。

从欧盟碳交易的法律机制建设过程看，法律的修改，可以改变市场参与者的范围、交易品的涵盖范围以及交易方式等。

2. 配额管理制度

（1）减排的总量目标设定　碳排放权交易机制是建立一个碳排放总量控制下的交易市场。国家、地区层面每年设定碳排放总量的“预算”，即每年设定一个国家、地区层面的碳排放总量，自上而下地通过免费或有偿拍卖的形式分配给需要排放的企业。也就是说，国家、地区辖内企业的碳排放总量将不会超过当地所分配的碳配额总量，这就是总量约束机制。

在我们国家设定的2030年碳达峰、2060年碳中和的大目标下，我们可以综合考虑每年的经济发展情况、产业规律等各种综合因素，制定每年的减排量，确定每年的碳排总量。

（2）项目覆盖范围　覆盖范围是碳排放权交易体系建设过程中要解决的一个重要问题。碳排放权交易市场覆盖范围主要包括以下三部分：

1）覆盖的温室气体种类和排放类型。

2）覆盖的国民经济行业类型。

3）覆盖对象的门槛标准。通过多个维度的界定，最后纳入履约和交易的企业数量是有限的。

见表6-1，我们用欧盟排放权交易体系（EU ETS）的覆盖范围变化情况做一个简单的理解。

表6-1　欧盟排放权交易体系覆盖范围不同阶段的变化

<table>
<tr><th>阶段</th><th>覆盖行业</th><th>覆盖气体</th><th>纳入门槛</th></tr>
<tr><td>第一阶段：2005—2007年</td><td>电力、石化、钢铁、建材（玻璃、水泥、石灰）、造纸</td><td>二氧化碳</td><td rowspan="2">两种门槛标准：
1）容量门槛：20MW的燃烧设施；
2）产能门槛：钢铁行业（每小时产量2.5t以上）、水泥行业（熟料为原料每天产量500t以上或石灰石及其他为原料每天产量50t以上）、玻璃行业（每天产量20t以上）、陶瓷及制砖行业（每天产量75t以上或砖窑体积超过$4m^3$且砖窑密度超过$300kg/m^3$）、造纸行业（每天产量20t以上）、石棉（每天产量20t以上）</td></tr>
<tr><td>第二阶段：2008—2012年</td><td>新增航空业</td><td>二氧化碳</td></tr>
</table>

（续）

阶段	覆盖行业	覆盖气体	纳入门槛
第三阶段：2013—2020 年	新增化工和电解铝	新增氧化亚氮（N_2O）和全氟化碳（PFCs）	欧盟委员会规定各成员国内年排放少于 2.5 万 t 的小型设施或额定热值在 3MW 以下的技术单位都被排除不再作为欧盟排放交易体系的管控设施，但航空业的航线排放计算仍维持年排放量 1 万 t 排放的纳入标准

1）覆盖的行业：各个国家和地区根据减排目标以及区域产业特点，决定纳入碳排放权交易市场的行业。同时，可根据发展情况调整覆盖行业。

欧盟温室气体排放权交易机制分为三个阶段实施，覆盖的行业范围逐步扩大。第一阶段覆盖了发电、供热、石油加工、黑色金属冶炼、水泥生产、石灰生产、陶瓷生产、制砖、玻璃生产、纸浆生产、造纸和纸板生产，第二阶段增加了航空部门，第三阶段增加了铝业、其他有色金属生产、石棉生产、石油化工、合成氨、硝酸和己二酸生产。按照我国国民经济行业分类国家标准来看，至第三阶段，欧盟排放交易体系覆盖的行业包括电力热力生产和供应业、石油加工业、化学原料和化学制品制造业、黑色金属冶炼和压延加工业、有色金属冶炼和压延加工业、非金属矿物制品业、造纸和纸制品业、航空运输业八大行业。

美国加利福尼亚州碳排放权交易机制也是分两阶段实施的，覆盖的行业范围逐步扩大。第一阶段覆盖了发电、热电联产、电力进口商、水泥、玻璃、制氢、钢铁、石灰、制硝酸、石油和天然气、炼油、造纸行业，第二阶段进一步纳入了燃料供应商。按照我国国民经济行业分类国家标准来看，加利福尼亚州 ETS 覆盖的行业包括电力热力生产和供应业、石油加工业、化学原料和化学制品制造业、黑色金属冶炼和压延加工业、非金属矿物制品业、造纸和纸制品业六大行业。

2）覆盖气体：《京都议定书》的管制对象包括二氧化碳、甲烷（CH_4）、一氧化氮（N_2O）、氢氟（HFCs）、全氟化碳（PFCs）、六氟化硫（SF_6）六种温室气体。根据其在大气中浓度的不同，这六种气体对温室效应的贡献也不尽相同。此外，这些气体的全球暖化潜能也各异。确定纳入某一排放交易体系的气体种类时，通常根据其排放源、排放实体以及快速有效测算、监测以及报告这些气体的能力而定。通常而言，排放交易体系都会将二氧化碳排放纳入管制范畴，因为它是大气含量最高的一种温室气体（约占大气中所有温室气体浓度的 80%）。

欧盟排放权交易体系覆盖气体包括二氧化碳、氧化亚氮和全氟化碳，非二氧化碳的温室气体会在交易时按照温室效应折算成二氧化碳。

3）覆盖对象的门槛标准：对于纳入交易的企业，除了做行业上的界定外，还需要做一个门槛界定，界限以下的企业就可以不纳入交易履约的范畴，这样可以更集约地利用管理资源。例如欧盟温室气体排放交易机制就做了容量门槛和产能门槛两种界定标准。美国加利福尼亚州碳交易机制排放量门槛是年排放量超过 2.5 万吨二氧化碳当量。

（3）配额分配　配额是分配给重点排放单位在规定时期内的碳排放额度。它既是碳排放权的凭证和载体，也是企业的资产。一般来说，一个配额就是 1t 二氧化碳排放权。

碳排放权交易市场机制是建立在排放总量核定的基础上的，配额分配是决定碳交易市场运行平稳性、有效性以及减排效果的关键要素。排放的总量一定时，怎么分呢？

根据国际通用的法则，配额分配分为有偿分配和免费分配两种，如图 6-2 所示。

1）有偿分配：可以是拍卖的方式，由购买者竞标决定配额价格；也可以是固定价格出售，由出售者决定配额价格。从国家和地方来讲，有偿分配的方式虽然比较简单，也能

发挥市场调整优势控制总体碳排放，但是容易增加区域企业的平均成本，影响产品竞争力。售卖配额得到的钱怎么分配、怎么返回市场中需要一个新的制度设定。欧盟碳排放权交易市场经历了从免费分配到有偿分配的转变。随着欧盟碳排放权交易市场的发展，有偿分配的比例逐渐提升。

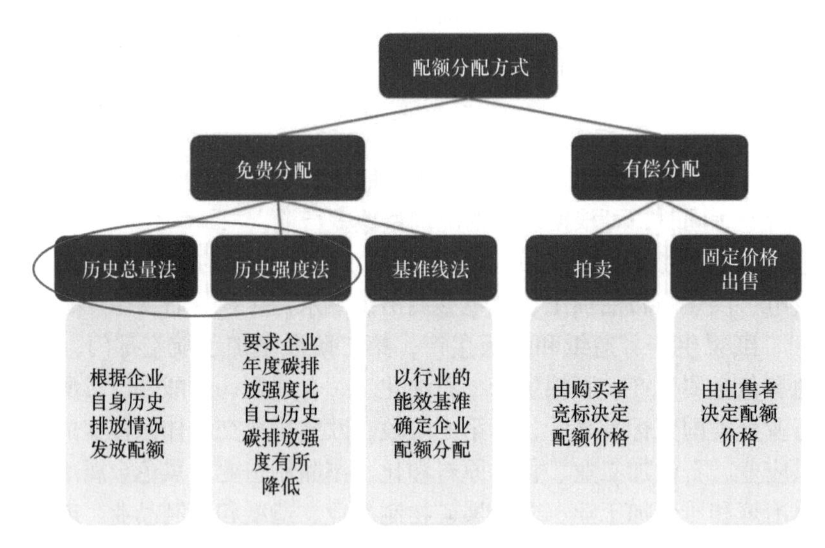

图 6-2　配额分配方式

2）免费分配：目前，常用的免费分配方式主要有历史强度法和基准线法。

① 历史强度法：企业配额量 = 历史强度值 × 减排系数 × 当年企业实际产出量。

历史强度法有历史总量法和历史强度法。历史总量法是根据企业自身历史排放情况发放配额，历史强度法一般要求企业年度排放强度比自己历史碳排放强度有所降低。历史法依据的数据一般是企业过去某一年或者若干年的数据。历史法基于历史排放量确定其未来的配额量，简单易行，但存在很大的缺陷：没有做节能减排工作（即历史排放量越大）的企业得到的配额量越多，而前期节能减排做得越好的企业得到的配额量却越少；即使企业的节能减排工作做得再好，只要产量增加，就需要多花钱买配额，而有些企业却因减产等客观原因得到更多免费配额。历史法对节能减排做得好的企业明显不公平，也不符合碳交易体系为技术先进的企业提供激励、倒逼技术落后的企业加快节能改造的初衷。

② 基准线法：企业配额量 = 行业基准 × 当年企业实际产出量。

基准线法一般是基于行业排放标杆进行分配。所谓标杆，指的是行业排放前 × ×% 的平均单位排放。这个排放单位的计算，既可以是一个产品单位排放，也可以是一个燃料的单位排放。基准线法需要掌握全行业的排放和投入产出数据，各行业也需要单独制订本行业的排放标杆。所以，基准线法更公平也更符合碳排放权交易市场的初衷，但是需要更多的基础工作。

3. MRV 排放数据管理制度

碳排放看不见，也摸不着，那怎样才能确认排放量多少呢？怎样才能保证排放数据的真实有效呢？要保证碳排放权交易的公平有序运行，有效实现降低重点行业碳排放的目的，我国碳排放权交易市场采用 MRV 制度来核算、报告与核查重点排放单位的年度温室气体排放量。所谓的 MRV 是监测、报告、核查三个英文单词的首字母合在一起的缩写。

（1）监测（Monitoring）　监测指企业制订监测计划，采取一系列技术和管理措施，测量、获取、分析、记录能源、物料等数据，监测、收集活动数据，测量碳排放因子。

（2）报告（Reporting）　报告是指企业将上年度碳排放相关监测数据进行处理、整合、分析，并按照统一的格式向主管部门提交碳排放结果报告。

（3）核查（Verification）　核查是指主管部门组织第三方独立核查机构通过文件审核和现场走访等方式对企业的碳排放信息报告进行核实，出具核查报告，确保数据真实可靠。

排放单位自行进行监测，并在规定的时间内核算碳排放形成报告向主管部门递交。主管部门组织第三方专业机构对企业的报告进行核实，并出具核查报告。可以说，MRV 制度是碳排放权交易市场建设的核心和基石，碳排放权交易市场需要公平、公正、透明的 MRV 机制。

4. 市场交易与监管制度

既然是交易市场，就需要建立公开透明的交易机制，保证市场交易的公正、公平、公开。开户流程、交易交割流程、监管制度都是需要全面考虑的。是采取实时竞价、挂牌交易、协议转让，还是采取其他交易方式，这些都需要整体考虑。是否开放期货市场，是否允许控排企业之外的个人、专业投资机构参与交易，从各个碳市场发展来看，都有不同的制度规定，也在不断发展完善中。

公开、公正、公平的监管处罚制度是保证碳排放权交易市场正常运行的关键制度保障。欧盟碳排放权交易市场对不履约企业的违法成本惩罚逐步提高。在 2012 年前的第二阶段，对未完成履约的企业处罚主要包括三个方面：一是经济处罚，对每吨超额排放量罚款 100 欧元；二是公布违法者姓名，纳入征信黑名单；三是要求违约企业在下年度补足本年度超排额等量的碳排放配额。在 2012 年后的第三阶段，欧盟碳排放权交易市场新增了对成员国政府违约行为的处罚，要求违约的成员国政府须在下年度补交超额排放量的 1.08 倍配额数量。同时，允许欧盟各成员国制定叠加惩罚机制。

四、碳排放权交易市场建设发展趋势

碳排放权交易市场是为了推动实现碳减排目标的政策工具，基本原理就是在碳排放权的总量控制的情况下，以碳配额的形式投放到市场，利用市场调节机制合理调节社会整体的减碳成本。碳排放权作为交易商品，其需求、可交易程度和交易规则，主要依靠法律、配合分配机制、MRV 排放数据管理制度以及交易管理及监管处罚制度来共同支持运行。要制订适合本国、本地区的碳排放权交易市场是一个复杂的系统工程，所以世界各地的碳排放权交易市场大多都是分阶段逐步推进完善的。

碳排放来源于人类的生产、生活活动，不同的活动类型参与方、排放量以及监测成本是不一样的，见表 6-2。

表 6-2　不同碳排放源的监测管理成本对比

	参与方数量	排放相关性	监测成本	交易成本
能源（热 / 电）	较少	高（使用化石燃料）	较低	低
工业	较多	高	较低	低
交通	多	高	较高	高
居民住宅	多	高（供暖等）	较高	高
服务业	多	较低	较高	高
土地利用和林业	少	分国家	高	高
农业	少	中等	高	高

在制订碳排放权交易市场纳入的控排单位的范围标准时，除了要考虑高排放行业和一定门槛外，对于管理部门来讲，还要考虑管理成本以及行业的排放数据质量问题。所以在

实践中，如图 6-3 所示，主管部门考虑管理的成本以及精准度，刚开始都是抓大放小，将数据质量好、监控成本低的行业和单位首先纳入控排。一般来说，能源、工业行业主体排放高，监测与交易成本低，一般都会首先纳入碳排放权交易市场；交通、居民住宅等排放高、监测成本较高、交易成本高的主体等待数据质量提升、监管成本降低的时候逐步扩大纳入范围；土地利用、林业、农业等排放少、监测成本高的行业主体一般最后考虑，或者不纳入交易主体范围。

抓大放小

取得较高减排成效的同时缓解主管部门管理压力

能源、工业行业主体排放高，监测与交易成本低，一般最先纳入碳交易市场

图 6-3　碳排放权交易市场建设初期重点

【课堂实践】

1. 课堂讨论，在独立思考的基础上，以小组为单位开展讨论：碳排放权交易市场作为碳减排政策工具，和我们平时熟悉的商品交易市场有什么不一样。

2. 选择一个地区，收集当地产业数据，分析碳排放源的组成及行业数据质量及监管成本。假设要建立当地的碳排放权交易市场，尝试提出首批纳入碳排放权交易市场的控排单位覆盖范围标准。

第二节

国际主要碳排放权交易市场

【学习目标】

1. 了解国际主要碳排放权交易市场的基本情况。
2. 理解碳排放权交易市场的建设发展有不同的阶段性。

【能力目标】

1. 理解碳排放权交易市场对于区域减排的作用。
2. 了解清洁发展机制。

【素养目标】

提高收集产业资料的能力，培养学生学习对比分析的意识。

【课堂知识】

一、国际碳排放权交易市场的发展缘起

碳资产原本在这个世界上并不存在，它既不是商品，也没有经济价值，1997 年签订的《京都议定书》规定了三大机制，启动了国际碳排放权交易和碳资产的发展之路。

1. 清洁发展机制（CDM）

发达国家通过提供资金和技术的方式，与发展中国家开展项目级的合作，通过项目实现的“经核证的减排量”（CER）用于发达国家缔约方完成在议定书第三条下的承诺。

2. 联合履行机制（JI）

发达国家之间通过项目级的合作，一方实现的减排单位（ERU）可以转让给另一发达国家缔约方，但是同时必须在转让方的“分配数量”（AAU）配额上扣减相应的额度。

3. 国际排放贸易机制（ET）

一个发达国家将其超额完成减排义务的指标，以贸易的方式转让给另外一个未能完成减排义务的发达国家，并同时从转让方的允许排放限额上扣减相应的转让额度。

一方面，由于发达国家历史累积排放比发展中国家高，应该承担更多的减排责任，所

有国家在减排上有共同的但有区别的责任。另一方面，减排的实质是能源问题，发达国家的能源利用效率高，能源结构优化，新的能源技术被大量采用，因此本国进一步减排的成本极高，难度较大；而发展中国家能源效率低、减排空间大、成本也低，这导致了同一减排单位在不同国家之间存在着不同的成本，形成了高价差。发达国家需求很大，发展国家供应能力也很大，碳交易市场机制可以很好地进行调节。清洁发展机制就是由工业化发达国家提供资金和技术，在发展中国家实施具有温室气体减排效果的项目，项目所产生的温室气体减排量则列入发达国家履行《京都议定书》的承诺。通过基于清洁发展机制的交易，发展中国家获得了发达国家的经济补偿，发达国家降低了履行减排承诺的成本。

二、国际碳排放权交易市场的发展情况

目前，世界上还没有统一的国际碳排放权交易市场。欧盟、北美、亚洲等各区域市场发展不均衡。国际碳行动伙伴组织（ICAP）《2024 年度全球碳市场进展报告》显示，截至 2024 年 1 月，如图 6-4 所示，全球正在运行的碳排放权交易市场共有 36 个。另外有 14 个碳排放权交易市场正在建设中，预计将在未来几年内投入运行。这些计划实施的碳排放权交易市场包括哥伦比亚、土耳其和越南的碳排放权交易市场。12 个司法管辖区也开始考虑碳排放权交易市场在其气候变化政策组合中可以发挥的作用。

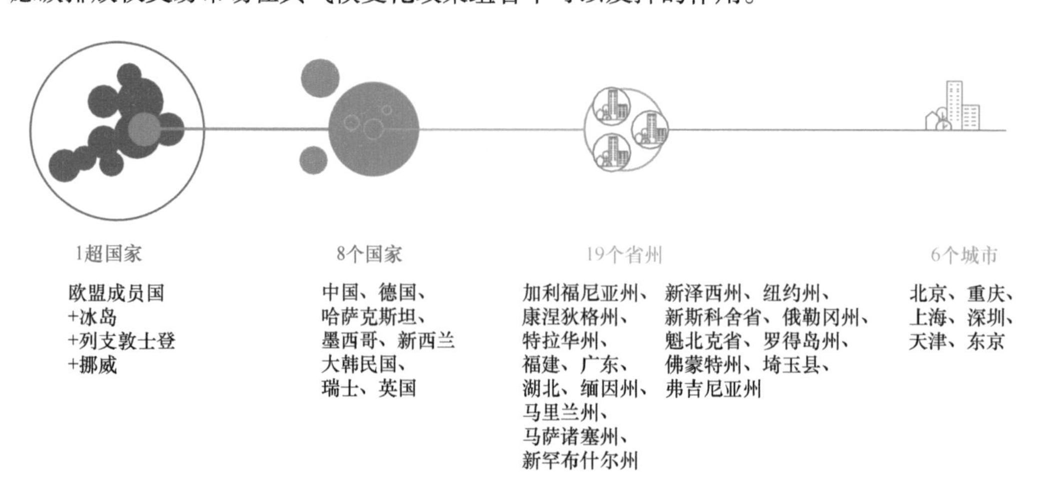

图 6-4　全球碳排放权交易市场数量（截至 2022 年 1 月）

截至 2024 年 1 月，目前正在运行的碳排放权交易市场共覆盖了全球温室气体排放量的 18%，全球近 1/3 的人口生活在有碳排放权交易市场的地区，参与碳排放权交易的国家和地区的 GDP 占全球总 GDP 的 58%。海外主要碳排放权交易市场存在以下特点：

1. 二氧化碳排放当量是碳排放权交易市场的基本单位

二氧化碳当量是指一种用作比较不同温室气体排放的度量单位。各种不同温室效应气体对地球温室效应的作用有所不同。为了统一度量整体温室效应的结果，而且二氧化碳是人类活动产生温室效应的主要气体，所以规定以二氧化碳当量为度量温室效应的基本单位。将二氧化碳的全球变暖潜能值（Global Warming Potential，GWP）定义为 1，其他温室气体按照潜能值多少转换为二氧化碳当量。以 100 年计，减少 1t 甲烷排放大致相当于减少了 25t 二氧化碳排放，即 1t 甲烷的二氧化碳当量是 25t；而 1t 一氧化二氮的二氧化碳当量是 298t。各交易市场纳入控排的温室气体种类都是基于《京都议定书》附件所列举的温室气体列表，并根据覆盖区域的行业特征，因地制宜地决定所涵盖的控排温室气体种类。

因此，各市场所涵盖的温室气体类别略有差异。各海外碳排放权交易市场交易的温室气体排放量在清缴时，都是根据相应的方法学折算为相应的二氧化碳排放当量。

2. 碳排放权交易市场呈现区域性集中的特征

根据各交易所披露的年度碳配额分配总量可以看出，全球人口集聚的三个大陆板块均存在碳排放权交易市场“一家独大”的现象：欧洲最大的碳排放权交易市场是欧盟 ETS，北美洲最大的碳排放权交易市场位于美国加利福尼亚州，亚洲（除中国外）最大的碳排放权交易市场位于韩国。

3. 电力、工业是主要控排行业

在 13 个主要的海外碳排放权交易市场中，电力、工业等产业被 10 个碳排放权交易市场纳入了控排行业，而建筑、运输和航空业等产业被纳入了部分海外碳排放权交易市场。

三、全球主要碳排放权交易市场介绍

1. 欧盟碳排放权交易体系

欧盟碳市场于 2005 年正式启动，是世界上第一个覆盖欧盟所有国家的碳排放权交易市场，也是目前全球规模最大、启动最早、最成熟的碳排放权交易市场。欧盟碳排放权交易市场已覆盖欧盟 27 国以及冰岛、列支敦士登和挪威。2020 年，欧盟碳排放权交易市场与瑞士碳排放权交易市场进行了对接。历年成交量和市场价值均占到全球碳排放权交易市场总量 70%以上。2021 年，欧盟碳排放权交易市场交易额为 6830 亿欧元，2022 年交易价格曾走高近 100 欧元 /t。欧盟碳市场计划从 2026 年开始削减企业免费配额比例，逐步到 2034 年实现全部取消，采取拍卖形式分配初始配额。欧盟碳排放权交易市场的主要特点如下：

（1）碳金融市场不断完善　具体表现在金融机构广泛参与碳排放权交易市场且形式多样、碳衍生品种类丰富且交易活跃。金融机构参与形式主要有向碳排放权交易市场参与者提供金融中介服务，或直接参与碳交易，将碳排放权交易市场作为一种投资渠道，主要包括经纪商、交易商、交易所和清算所等。

欧盟碳衍生品主要包括基于 EUA（普通碳配额）、CER（抵消机制中 CDM 碳配额）、EUAA（航空业碳配额）、ERU（抵消机制中 JI 碳配额）、碳排放权的远期、期货、期权、掉期、价差、碳指数等产品，衍生品市场快速发展且交易活跃。根据欧洲能源交易所（EEX）数据，2018 年碳衍生品合约交易量为现货交易量的 6 倍左右。

（2）欧盟碳排放权交易市场政策设计趋严且逐渐完备　配额总量递减速率加快。一级市场碳配额总量从第三阶段的每年以 1.74% 速度递减，提高到第四阶段的每年以 2.20% 速度递减。第四阶段取消了抵消机制，进一步减少了碳配额数量。在发展的过程中，碳配额的储备与预存机制逐渐完善，从不允许跨期使用到阶段内剩余配额储备可留到未来阶段使用，不允许将未来阶段碳配额提前在本阶段使用（但阶段内的可以）。同时，加强了惩罚机制，超额排放部分不仅需要补缴，还需缴纳高额罚款，同时会纳入征信黑名单，欧盟各成员国还可以制定叠加惩罚机制。此外，相应的措施还包括：实施市场稳定储备机制，收缩市场上流通的碳配额数量，稳定市场预期、降低碳价暴跌风险，一级市场碳配额分配方式从免费分配向拍卖过渡等。这不仅有利于政府获得一定收入，进一步用于减排补贴，而且还减少了寻租问题，激励企业进一步实现减少排放。

（3）建立了相应配套机制巩固碳减排效果　包括碳基金的设立——建立了创新基金（支持创新技术与行业创新，资本投入至少 4.5 亿美元）、现代化基金（支持低收入会员国能源系统现代化和能源效率提升），以及北欧、瑞士等国内碳税政策的补充，减少了碳价扭曲、兼顾碳减排效率和公平以及降低了碳泄漏问题。

（4）欧盟开始尝试国际碳排放权交易市场间的对接　尽管由于脱欧，英国于 2021 年正式退出欧盟碳排放权交易市场、建立独立碳排放权交易市场，但欧盟于 2020 年实现与瑞士碳排放权交易市场成功连接，扩大了碳排放权交易市场范围，降低了碳减排成本。

2. 美国加利福尼亚州总量和交易机制

美国没有全国碳排放权交易市场，目前仅在州一级建立区域性的碳排放权交易市场，包括区域温室气体减排行动（RGGI）（2010 年）、加利福尼亚总量和交易机制（2012 年）、马萨诸塞州对发电排放的限制（2018 年）以及俄勒冈州总量控制与交易体系（2022 年）。RGGI 是美国第一个强制性温室气体排放体系，覆盖美国东北地区 11 个州电力部门的排放。加利福尼亚州总量和交易机制于 2012 年启动，并于 2014 年与加拿大魁北克省进行连接，成为北美最大且全球较严格的区域性碳排放权交易市场。

3. 韩国碳交易机制

亚洲地区碳交易起步较晚。2012 年 5 月 2 日，韩国国会通过了引入碳交易机制的法律，是第一个通过碳交易立法的亚洲国家。2015 年 1 月 1 日，韩国碳交易机制运行启动。该机制覆盖占全国排放总量 60% 以上的 300 多家来自电力、钢铁、石化和纸浆等行业的大型排放企业，在初始阶段 95% 的排放配额免费发放给企业，剩下的配额通过拍卖的方式进行分配。

4. 新西兰碳排放权交易市场（NZ ETS）

新西兰的碳排放权交易市场于 2008 年启动，是大洋洲唯一正在运行的碳排放权交易市场，其以农业为主的产业结构导致 NZ ETS 是目前唯一覆盖林业部门的碳排放权交易市场。

虽然各个国际碳排放权交易市场发展不平衡，但总体来看有制度不断完善、交易逐步扩大的趋势。在政府的支持下，消费者对环保产品和服务的需求与日俱增，公众需求又促进低碳产业和金融产品不断发展，由此形成一个良性循环。近年来气候变化谈判取得重要进展，为推动全球碳排放权交易市场发展奠定了基础。通过碳交易机制，全球经济持续向低碳转型已是大势所趋。

【扩展阅读】　特斯拉的碳经济账

2020 年特斯拉财报显示，全年营收 315 亿美元，归母净利润 7.21 亿美元，首次在单年实现盈利。但是在财报中也披露，2020 年特斯拉全年出售碳积分（Carbon Credit）收入达到了 15.8 亿美元，是归母净利润的 220%。这代表着，倘若特斯拉没有相关碳积分交易的政策支持，2020 年不仅无法实现盈利，还会亏损 8.6 亿美元。

1994 年，加利福尼亚州政府为了大幅削减汽车尾气排放总量，执行了零排放积分交易制（ZEV-Credits）。美国加利福尼亚州空气资源委员会（CARB）规定，在加利福尼亚州销量超过一定数量汽车的企业，新能源车的比例必须达到 ZEV 法案（Zero Emission Vehicle，零排放车辆计划）的规定。该 ZEV 法案于 2008 年实施，要求车企在 2009—2017 年，每年的汽车销量总数中 ZEV 车型比例为 2.5%，即年销量为 10 万辆的厂商在 2009 年 ZEV 的销售比例需要达到 2.5%，即 2500 辆，否则就要被处罚。

目前，ZEV 车型包括纯电动汽车、燃料电池汽车、插电式混合动力汽车和油电混合动力汽车。CARB 为符合 ZEV 车型制定不同的“积分”系数，根据车辆在零排放状态下续驶里程越长，可获得的积分数越高。ZEV 积分最低为 1 分，最高为 7 分。积分总数与汽车销量挂钩。例如每销售 1 辆日产聆风可获得 3 分，若聆风年销量为 10000 辆，则日产即可获 30000 积分（1 分最多价值 5000 美元）。

如果某车企没有积分或者积分很少无法达到规定，要么向 CARB 支付每辆汽车 5000 美元的罚款（例如，车企还差 500 积分，需支付罚款 500×5000 美元），要么向其他积分富余的公司购买积分，否则该车企将被责令离开加利福尼亚州市场。所以，类似于特斯拉汽车公司这样完全没有碳排放量的纯电动汽车车企，ZEV 比例都是 100%，积分严重富余，光靠把积分额度出售给其他车企就可以大赚一笔。

【课堂实践】

1. 小组学习分享。学生分成小组，选出组长，选取国际上一个碳排放权交易市场作为研究对象，收集资料并整理分析，按小组进行分享。

2. 在分享的基础上，进行讨论：国际上的碳交易机制建设过程中，有哪些值得我们学习和借鉴的。

第三节

中国碳排放权交易市场建设

【学习目标】

1. 了解我国碳排放权交易市场的发展历程。
2. 了解全国碳排放权交易市场的基本机制。
3. 了解目前全国碳排放权交易市场纳入的行业。
4. 了解控排企业 MRV 的基本流程。

【能力目标】

1. 提高实时交易资料查询的能力。
2. 提高用发展的眼光看问题的能力。

【素养目标】

在了解目前全国碳排放权交易市场纳入行业逻辑的基础上，提升发展性地思考问题的素养。

【课堂知识】

一、地方碳排放权交易试点

中国的碳排放权交易市场建设可以分为两个发展阶段，地方试点碳排放权交易市场阶段和全国碳排放权交易市场阶段。

2011 年，国家发展和改革委员会发布《关于开展碳排放权交易试点工作的通知》（发改办气候〔2011〕2601 号），同意北京市、天津市、上海市、重庆市、湖北省、广东省及深圳市开展碳交易试点，七个试点地区于 2013 年陆续建立了各自的碳排放权交易市场。2016 年，非试点地区四川省、福建省相继建立碳排放权交易市场。在该阶段，纳入地区碳排放权交易市场碳排放配额管理的重点排放单位、符合交易规则的法人机构及个人（部分市场可以）可在前述地区碳排放权交易市场交易相应地区的碳排放配额，也可交易国家核证自愿减排量（CCER）以及相应交易各个地区自行核证的自愿减排量。如图 6-5 所示，

从2011年地方碳交易试点到2020年12月《全国碳排放权交易管理办法》(暂行)的出台，我国经过了十年试点积累阶段。

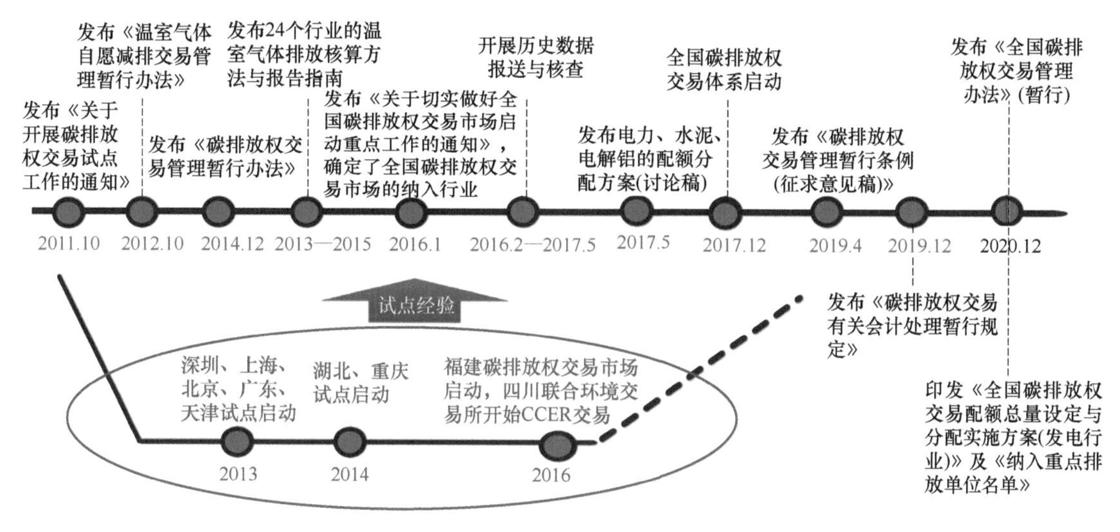

图 6-5 十年地方试点碳市场阶段

各个先后启动的试点碳排放权交易市场，在制度设计、纳入行业、配额分配方式、履约流程、自愿减排项目抵消机制上虽然有些因地制宜的细微差异，但大同小异。全国试点碳排放权交易市场的覆盖行业体现了区域产业特点，但是都覆盖了主要的高排放行业，见表6-3。

表 6-3 不同时间跨度的全球变暖潜能值（GWP）

气体名称	20年	100年	500年
二氧化碳	1	1	1
甲烷	72	25	7.6
一氧化氮	275	296	156
一氧化二氮	289	298	153

截至2021年12月31日，纳入七个试点碳排放权交易市场的排放企业和单位，累计分配的碳排放配额总量约为80亿t。到2021年6月，试点省市碳排放权交易市场累计配额成交量为4.8亿吨二氧化碳当量，成交额约为114亿元，有效促进了试点省市企业温室气体减排，也为全国碳排放权交易市场建设摸索了制度，锻炼了人才，积累了宝贵经验。

2021年2月1日起正式施行的《碳排放权交易管理办法（试行)》（中华人民共和国生态环境部令第19号）以及2021年7月全国碳排放权交易市场的正式上线，标志着国内碳排放权交易市场的发展进入新的发展阶段。2021年3月30日，生态环境部发布了《关于公开征求〈碳排放权交易管理暂行条例（草案修改稿)〉意见的通知》及《碳排放权交易管理暂行条例（草案修改稿)》，从其相关内容可以看出，逐步形成统一的全国碳排放权交易市场是国内碳排放权交易市场的未来发展目标。草案明确提出，在该条例正式颁布施行后，将不再建设地区碳排放权交易市场，现有地区碳排放权交易市场也应逐步纳入全国碳排放权交易市场，同时，已纳入全国碳排放权交易市场的控排企业不再参与地区相同温室气体种类与相同行业的碳排放权交易市场。从实践看，地区碳排放权交易市场与全国碳排放权交易市场并行的情况将持续一段时间。

全国碳排放权交易市场自2021年7月16日启动。至2021年12月31日，全国发电

行业重点排放单位2000多家参与履约，覆盖超40亿吨二氧化碳年排放量。碳排放配额累计成交量为1.79亿t，累计成交额为76.61亿元。

二、全国碳排放权交易市场的基本情况

1. 交易主体、交易产品及交易平台

（1）交易主体　交易主体主要包括纳入门槛和纳入行业。

1）纳入门槛：《碳排放权交易管理办法（试行）》规定，属于全国碳排放权交易市场覆盖行业，且年度温室气体排放量达到2.6万吨二氧化碳当量的温室气体排放单位列入温室气体重点排放单位名录。目前，全国碳排放权交易市场覆盖的温室气体种类仅为二氧化碳。

2）纳入行业：见表6-4，初期仅电力行业开展交易，后期逐步推动石化、化工、建材、钢铁、有色、造纸、航空七大行业有序纳入碳排放权交易市场。按照各行业的成熟情况稳步推进，成熟一个纳入一个。

表6-4　纳入全国碳排放权交易市场的行业

行业	国民经济行业分类代码	类别名称	备注
发电	4411	火力发电	—
	4412	热电联产	
	4417	生物质能发电	
建材	3011	水泥制造	
	3041	平板玻璃制造	
钢铁	3110	炼铁	
	3120	炼钢	
	3130	钢压延加工	
有色	3216	铝冶炼	
	3211	铜冶炼	
石化	2511	原油加工及石油制品制造	
化工	261	基础化学原料制造（无机酸碱盐及有机原料等）	·仅管控二氧化碳 ·涵盖直接排放和间接排放 ·行业范围包括八个行业，八个行业都纳入碳排放监测、报告与核查管理 ·以发电行业为突破口，率先开展交易 ·按照稳步推进的原则，“十四五”期间逐步纳入其他成熟行业（水泥、钢铁、电解铝、航空等）
	262	肥料制造（氮、磷、钾、有机肥等）	
	263	农药制造（化学、生物类）	
	265	合成材料制造（橡胶、塑料、树脂等）	
造纸	2211	木竹浆制造	
	2212	非木竹浆制造	
	2221	机制纸及纸板制造	
民航	5611	航空旅客运输	
	5612	航空货物运输	
	5631	机场	

生态环境部公布，全国碳排放权交易市场首个履约期共纳入发电行业重点排放单位2000多家，年覆盖温室气体排放量约45亿吨二氧化碳。

交易初期，只有覆盖范围内的控排企业能参与交易，机构和个人暂时不能参与。

（2）交易产品　配额现货（碳排放配额)。碳排放配额可以理解为政府相关管理部门分配给企业的碳排放配额。

（3）交易平台　全国碳排放权交易市场建设采用“双城”模式，即上海负责全国碳排放权交易系统的建设及账户开立、运行维护等具体工作，湖北武汉负责全国碳排放权登记结算系统的建设及账户开立、运行维护工作。

2. 全国碳排放权交易市场履约及交易机制

（1）碳排放配额分配　配额分配机制是碳排放权交易市场的关键要素，影响碳价及企业履约成本。目前，全国碳排放权交易市场的配额分配是由主管部门来分配的，其基本的流程如图6-6所示。

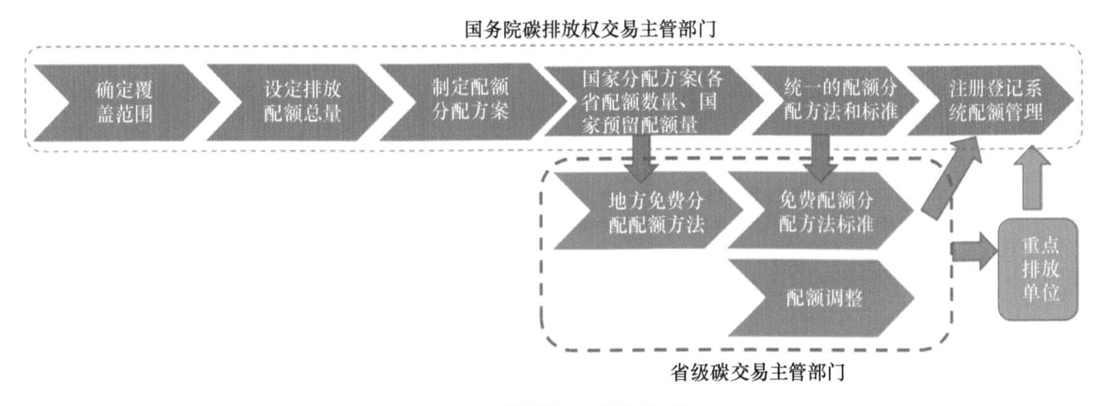

图6-6　配额分配管理流程

生态环境部根据国家控制温室气体排放目标的要求和温室气体排放、经济增长、产业结构、能源结构以及控排企业纳入情况等因素考虑碳排放额度，制定碳排放配额总量确定与分配方案，并由省级生态环境管理部门最终将相应配额分配给每家控排企业。目前，初次分配的配额是免费的。

（2）履约周期及配额清缴　履约是企业基于第三方审核机构对控排企业进行审核，将其实际二氧化碳排放量与所获得的配额进行比较，配额有剩余者可以出售配额获利或者留到下一年使用，超排企业则必须在市场上买配额或抵消量，并按照碳排放交易主管部门的要求提交不少于其上年度经核查确认排放量的排放配额或抵消量。配额清缴的基本流程如图6-7所示。

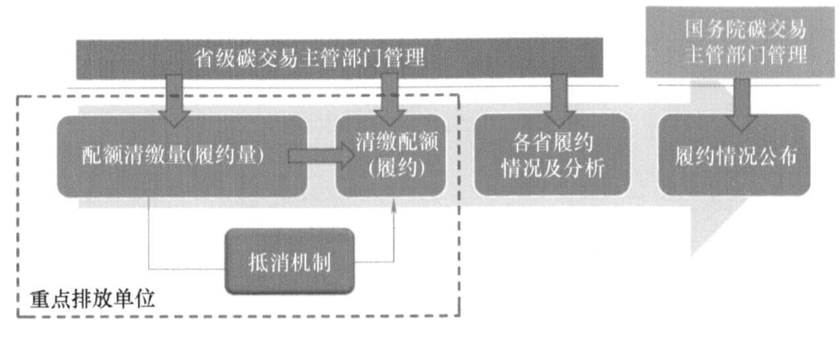

图6-7　配额清缴的基本流程

如果控排企业足额清缴碳排放配额后配额仍有剩余，可在碳排放权交易市场进行出售或者结转使用。如果企业实际排放量大于政府分配的配额，那么就需要购买不足部分配额

用于履约。例如A企业为纳入全国碳排放权交易配额管理的重点排放单位，2022年进行2021年的碳排放履约，分配的碳排放配额是100t，经过第三方核查A企业的碳排放量是80t，那么A企业2021年履约期需要缴纳的碳排放配额就是80t，剩余的20t可以拿到碳排放权交易市场去销售或者留着2022年使用。

3. MRV与监管机制

如图6-8所示，为了保证碳排放权交易的公平有序运行，有效实现降低重点行业碳排放的目的，我国碳市场制定了严格的MRV制度流程来进行核算、报告与核查重点排放单位的年度温室气体排放量。

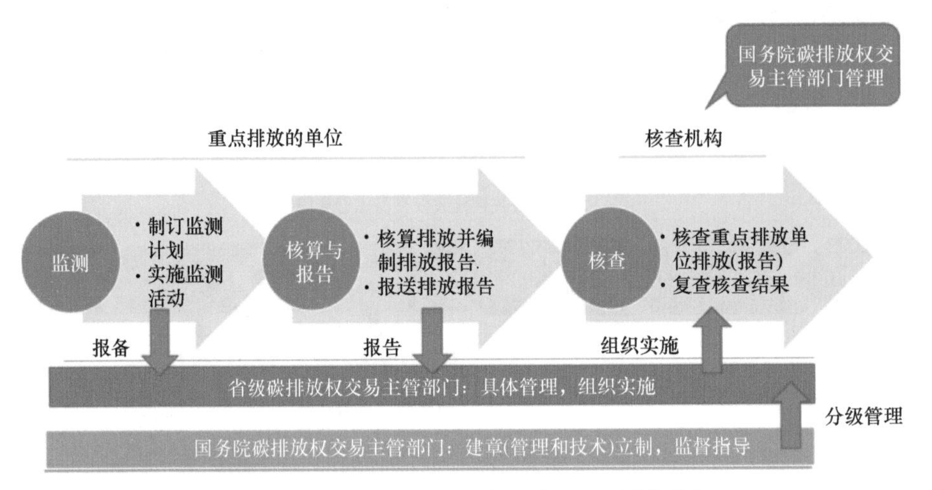

图6-8　全国碳排放权交易市场的MRV制度流程

企业制订监测计划并开展实施，每年将上年度碳排放报告上报至主管部门，主管部门组织核查机构对报告进行核查。如果核查有问题，再处理核查发现的问题。通过核查后，形成最终报告进行提交。其相应的流程如图6-9所示。

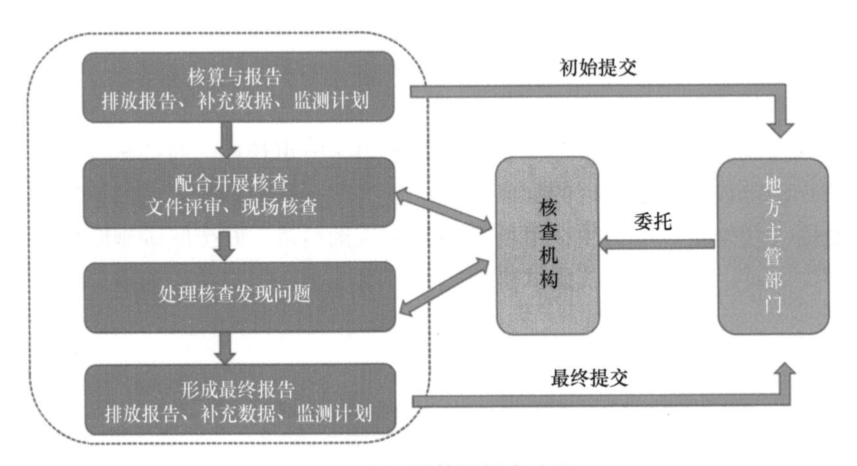

图6-9　企业核算及报告流程

4. 交易方式

目前，交易方式主要有挂牌交易和协议转让两种方式。

（1）挂牌交易　挂牌交易指在规定的时间内，交易参与人通过交易系统进行买卖申报，交易系统按照“价格优先、时间优先”的原则对买卖申报进行配对成交的公开竞价交易方式。挂牌交易的匹配原则是价格优先、时间优先，买入申报价格高于或等于卖出申报价格，则配对成交。成交价取买入申报价格、卖出申报价格和前一成交价三者中居中的一个价格。

（2）协议转让　协议转让指单笔交易超过一定数量应通过协议转让完成。交易双方通过交易所电子交易系统进行报价、询价达成一致意见并确认成交。成交规则是经交易双方确认才可成交。限制要求，要求单笔买卖申报数量大于一定数量（10 万 t）成交价。成交价格为双方商谈确认的价格。

三、不断发展完善的全国碳排放权交易市场

如图 6-10 所示，配额管理制度、监测报告制度（MRV）、市场交易及监管制度共同构建了全国碳排放权交易市场的基本运行结构。数据报送系统、注册登记系统、交易系统为整体运行提供了技术平台保障。

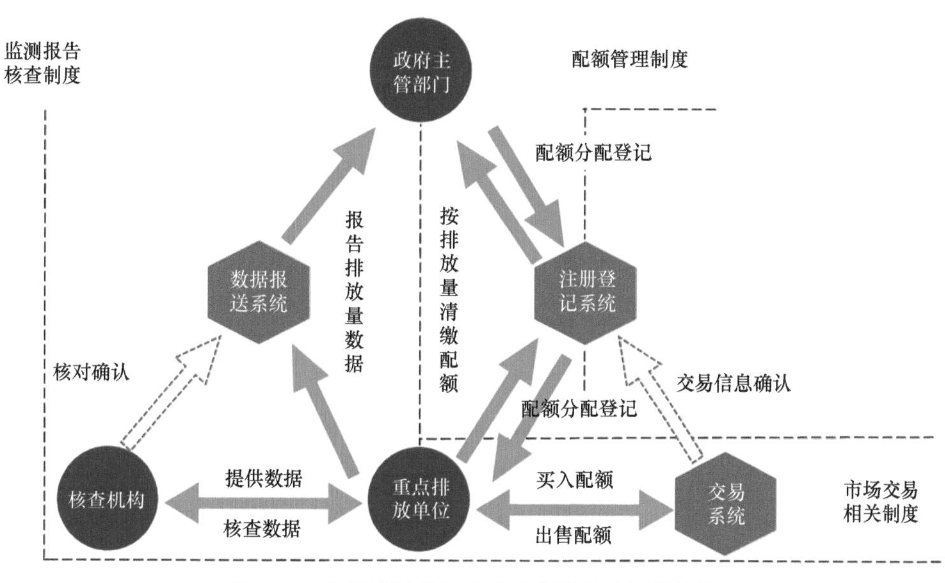

图 6-10　全国碳排放权交易市场的基本运行结构

自全国碳排放权交易市场启动以来，目前只将电力行业纳入了碳排放权交易的范围，包括石化、化工、建材、钢铁、有色、造纸、航空这七大高排放行业亟待纳入，按照“成熟一个行业，纳入一个行业”的原则逐步推进扩容。

根据现行的《碳排放权交易管理办法》，机构和个人是允许参与碳市场交易的，只是目前全国碳排放权交易市场还未放开机构和个人参与交易。未来，全国碳排放权交易市场在交易主体上应该会逐步放开让更多的机构和个人参与交易，提升碳排放权交易市场活跃程度，更好地发挥其促进减少碳排放的政策目标。在交易标的上，参考欧盟碳排放权交易市场情况，可能会逐步放开碳排放权期货等金融类产品。目前已经存在的地方试点碳排放权交易市场可能将逐步纳入全国统一的碳排放权交易市场，统一碳价、促进碳配额交易的流动性，融入全国统一大市场的建设中。

【扩展阅读】　欧盟碳排放权交易体系的碳价发展阶段

欧盟碳排放权交易市场是世界上第一个主要的碳排放权交易市场，成立于 2005 年，主要以能源、环保、汽车、智能化为主。它现如今是全球公认最成功的欧洲碳排放权交易市场，也是交易量最大的市场，同样经历了不断地探索到成熟的四个阶段。

2005 年，欧洲碳排放权交易市场建立的第一阶段，配额采取了自下而上的分配方式，即按照每个企业的实际碳排放状况来规定其排放额度，而整个区域并没有一个总的排放限值。这种分配方式的结果是各国的碳配额出现了超发的现象，导致市场上的配额过多，进

而导致碳价格过低，问题不但严重，而且还普遍。

因此，从 2008 年开始的第二阶段起，配额开始以自上而下的方式分配，并且废除了第一阶段所有剩余的碳配额，这点对投资人冲击较大。除此之外，欧盟逐步提高拍卖配额的比例，进而提升了相关商品的平均成本，使价格能够通过市场机制向下传导给消费者，从而形成整个社会的减排联动。这一改革取得了显著的效果，碳价格稳步增长，为企业的减排提供了正确的价格信号。

然而，2008 年的全球经济危机又一次大大地降低了市场对碳配额的需求，导致碳价格持续走低。为了刺激经济恢复，欧盟在短期并没有采取大幅提升碳价格的相关措施。从 2013 年开始的第三阶段，欧盟大幅增加了拍卖配额的比例，其中，要求电力行业完全通过拍卖获取额度。

2018 年，欧盟正式开始实施市场稳定储备机制，将 2014—2016 年间过剩的大约 9 亿 t 碳盈余转入储备市场，并降低初始碳配额的拍卖数量，以此来平衡市场供需，应对未来可能出现的市场冲击。此举使欧洲碳排放权交易市场面临前所未有的供应短缺，成功促使碳价格大幅上涨。

从 2021 年开始，欧洲碳排放权交易市场进入第四阶段，碳配额年降幅由第三阶段的 1.74% 大幅提升至 2.2%。2020 年年底，欧盟调整了 2030 年减排预期，从先前的比 1990 年减少 40% 增加至 55%。这一新目标使欧洲碳价格于 2022 年 2 月中旬达到了前所未有的 60 欧元 /t。

【课堂实践】

以小组为单位，收集整理近两年全国碳排放权交易市场的交易价格，看看有没有什么规律，并进行小组讨论分享。收集近一个月国际主要碳排放权交易市场成交价格，和国内的交易价格进行对比，结合学过的碳排放权交易市场的配额分配机制、交易方式等知识，尝试分析影响碳排放权交易价格的因素。

第四节

CCER 自愿核证减排机制

【学习目标】

1. 了解碳信用抵消机制。
2. 了解国内的 CCER 机制及交易情况。

【能力目标】

1. 理解碳信用与配额的区别。
2. 了解 CCER 方法学的基本概念。
3. 了解如何在目前碳交易机制下，合理使用 CCER 调整企业碳履约成本。
4. 了解国际上的主要自愿减排机制。

【素养目标】

提高专业“双碳”素养。

【课堂知识】

一、碳信用及产生机制

1. 碳信用

碳信用（Carbon Credit）又称为碳权、碳汇，指通过国际组织、独立第三方机构或者政府确认的，一个地区或企业以提高能源使用效率、降低污染或减少开发等方式减少的碳排放量，并可以进入碳排放权交易市场交易的排放计量单位。一般情况下，碳信用以减排项目的形式进行注册和减排量的签发。除了在碳税或碳排放权交易机制下抵消履约实体的排放外，碳信用还用于个人或组织在自愿减排市场的碳排放抵消。

碳信用和碳配额都可以进行交易，但是两者在包含权利、产生方式、交易目的及交易系统等方面存在巨大差异，具体见表 6-5。

表 6-5　碳信用（碳汇）与碳配额的差异

	碳配额	碳信用
包含权利的差异	配额是得到的排放权，包含的是可排放的温室气体量	碳信用是通过项目和努力减少排放，包含的是减少的排放量
产生方式的差异	由地区或者政府的管理部门分配给排放单位（有偿或者无偿），配额是事先确定的	减排行为发生后产生，经过专业机构核证后确认
交易目的的差异	满足企业低成本履约的需要	更多用于企业社会责任要求，有些碳排放权交易市场允许一定比例用于履约交易
交易系统的差异	碳排放权交易市场	碳排放权交易市场、自愿减排交易系统

2. 碳信用主要产生机制

（1）国际机制　国际机制指受国际气候公约制约的机制，通常由国际机构管理。目前，主要有《京都议定书》下的清洁发展机制和联合履约机制两种。

清洁发展机制（CDM）：指发达国家通过提供资金和技术的方式，与发展中国家开展项目合作，将通过项目实现的“经核证的减排量”（CER）用于发达国家缔约方完成在议定书下的减排承诺。

联合履约机制（JI）：指发达国家（工业化国家）之间通过项目的合作，一方将实现的减排单位（ERU）转让给另一发达国家缔约方，同时在转让方允许排放限额上扣减相应额度。

（2）独立机制　独立机制指由独立第三方认证的碳信用机制，主要存在于自愿减排市场中。目前，主要独立机制如下：

自愿碳减排核证标准（VCS）：由气候组织、国际排放交易协会、世界可持续发展商业委员会和世界经济论坛等于 2005 年共同创建，目的是为全球自愿减排项目提供认证和信用签发服务。截至 2023 年年底，这是最大的独立碳信用机制。

黄金标准（Gold Standard）：由世界自然基金会、南南 - 南北合作组织等国际非政府组织于 2003 年共同发起组建的碳信用机制。黄金标准特别重视环境与社会效益的协同效应，对该效应的示范性保障措施方面，黄金标准有着严格的要求。黄金标准的核证减排量主要用于自愿抵消。按签发项目数和签发总额计算，黄金标准是截至 2023 年年底全球第二大独立碳信用机制，其大部分核证的减排量来自可再生能源和燃料转型项目。

此外，独立机制还有美国碳注册登记处（ACR）和气候行动储备方案（Climate Action Reserve）等。目前，基于国际机制和独立机制的自愿减排机制见表 6-6。

表 6-6　目前国际主要自愿减排机制

温室气体减排机制	成立组织或文件	涉及领域
清洁发展机制	京都议定书	能源工业、能源分配和能源需求、制造业、化工、建筑、交通、采矿、矿物生产、金属生产、燃料的逃逸排放、HFC 和 SF_6 生产和消费中的逃逸排放、溶剂适用、废弃物处理造林和再造林、农业等
核证碳标准	非营利组织（VERRA）	能源、制造过程、建筑、交通、废弃物、采矿、农业、林业、草原、湿地和畜牧业等

（续）

温室气体减排机制	成立组织或文件	涉及领域
黄金标准（GS）	黄金标准基金会管理，世界自然基金会和其他非营利性组织共同设立，登记机构为黄金标准登记	土地利用、林业和农业，能源效率，燃料转换，可再生能源，航运能源效率，废弃物处理和处置，用水效益和二氧化碳移除八个领域
美国碳登记（ACR）	环境资源信托基金	减少温室气体项目、土地利用变化和林业、碳封存和储存、废弃物处理和处置四个领域
气候行动储备（CAR）	非营利性环保组织气候行动储备	加拿大草原、墨西哥锅炉效率、墨西哥森林、墨西哥卤化碳、墨西哥垃圾填埋场、墨西哥畜牧、墨西哥臭氧消耗物质、美国垃圾填埋场、美国畜牧业等
全球碳委员会（GCC）	海湾研究与发展组织	包括所有清洁发展机制备案的方法学和三个自行备案开发的方法学：面向电网或自备用户供电的可再生能源发电项目、抽水系统节能和从动物粪便废弃物管理项目产生能源

（3）国家和地方的碳信用机制　和国际机制与独立机制不同，国家和地方的碳信用机制是只适用于一个国家、省内或者几个国家和地方以及区域的碳信用机制，一般只受到本国、本省或双边国家的制度约束。

这类机制代表有加拿大艾伯塔省排放抵消体系。2007 年，艾伯塔省《气候变化排放管理修正法案》生效，主要为艾伯塔省特定气体排放管理条例（SGER）（一种基线减排和信用交易型碳排放交易体系）下有减排义务的实体提供碳信用。该机制只对该省范围的节能减排项目签发碳信用。首批项目覆盖农业、可再生能源和废弃物处理领域，后覆盖范围扩大到其他行业。

我国也有自己的抵消机制，中国核证减排（CCER）可以用于国内碳排放权交易市场企业履约需要，也可以用于抵消企业和个人的自愿减排。福建林业碳汇抵消机制（FFCER）、北京林业碳汇抵消机制（BCER）、广东碳普惠抵消信用机制（PHCER）是通过在本省（市）内的林业项目实现的减排量用于本地区的自愿减排抵消。

二、核证减排量

1. 什么是核证减排量

核证减排量（Certified Emission Reduction，CER）是清洁发展机制中的特定术语。CER 是经过一定机制核证的自愿减排项目产生的，通过自愿减排量实现，是一种碳抵消机制。其主要运行机制：业主通过清洁能源使用、增加碳汇等自愿减排方式，经过一定的机制核证，获取抵消碳排放的核证量。核证减排机制可以促进温室气体自愿减排，促进可再生能源的发展和扶贫，还可以提供灵活履约方式，有助于重点排放单位降低履约成本。

减排量（Emission Reductions）：减排量是指通过减少温室气体排放量，如二氧化碳、甲烷（CH_4）、氮氧化物（NO_x）等所产生的量化减少。减排量通常以吨二氧化碳等效排放量（tCO_2e）为单位。一般一单位 CER 等同于 1t 的二氧化碳当量，计算 CER 时采用全球变暖潜力系数（GWP）值，把非二氧化碳气体的温室效应转化为等同效应的二氧化碳量。

《京都议定书》设计制定清洁发展机制规定，发展中国家在 2012 年前均无须承担减排义务，主要通过参与国际清洁发展机制项目来参与碳减排。简单来说，就是发达国家用资金和技术购买发展中国家的温室气体排放权，用于抵消其规定的碳排放指标。在清洁发展机制下，发展中国家交出的排放权被称为“核证减排量”(CER)。清洁发展机制项目主要集中在新能源（包括风能、水能、太阳能）、生物质发电、垃圾填埋气体发电等领域。

2002年，中国首个清洁发展机制项目诞生，合作对象是荷兰，荷兰政府与中国签订内蒙古自治区辉腾锡勒风电场项目，自此，中国清洁发展机制市场正式拉开序幕。此后，一直到2012年，我国获欧盟批准的清洁发展机制项目总数超过3000个，总数居全球首位。在2013年，由于CER的最大需求方欧盟规定从当年起只购买LDCs（最不发达国家）的CER，不再接受来自中国新注册的清洁发展机制项目，清洁发展机制项目在我国的开发基本结束。由此可见，自愿减排量是否能和配额一样在碳排放权交易市场内进行交易和抵消，取决于该碳排放权交易市场的制度规定。

2. CER的核证过程

CER的核证是确保减排量的合法性和可靠性的过程。核证是指对减排项目进行独立审查和验证，以确认项目的减排效果和排放数据的准确性。核证通常由认可的第三方核证机构执行。CER的核证过程是确保减排量的真实性和可靠性的重要环节。这有助于鼓励减排项目的发展和推广，同时维护碳市场的可信度。

CER的核证过程一般包括以下步骤：

1）项目开发：项目发起方（通常是企业或国家政府）首先开发一个减排项目，制订减排计划和策略。

2）排放数据监测：项目需要建立可靠的监测系统来追踪和记录排放数据，确保减排量的准确性。

3）核证申请：项目发起方向认可的第三方核证机构提交CER核证申请，申请中包括项目的详细信息和排放数据。

4）核证审查：核证机构对项目进行审查和验证，确保项目的减排量计算方法和数据符合国际标准和法规。

5）核证报告：核证机构颁发核证报告，确认项目的减排量和合法性。

6）CER发行：一旦项目通过核证，CER将由国际机构（如联合国气候变化秘书处）发行，具有可交易性。

三、认识CCER

1. 什么是CCER

国家核证减排量（China Certified Emission Reduction，CCER）也称为“中国的核证减排量”，是经我国主管部门备案、登记的，通过实施项目削减温室气体排放而获得的减排凭证。

沿袭CDM减排机制逻辑，我国的CCER减排机制也是由项目产生的、经过国家主管部门备案登记的自愿减排量。我国CCER体系于2012年启动建设，2015年进入交易阶段，2017年暂停签发。暂停签发后，存量CCER仍可在地方碳排放权交易市场上交易。这个阶段的CCER开发中最主要的项目类型为可再生能源利用，其可进一步细分为风力发电、太阳能发电、垃圾焚烧发电、水力发电、生物质发电和地热供暖。农业项目包括猪粪便沼气回收利用、禽类粪便利用和畜牧类粪便利用。此外，还有碳汇造林、低浓度瓦斯发电、工业余热利用、森林经营碳汇、热电联产等类型的审定项目。

2. CCER开发流程

符合方法学的自愿减排项目需要经过一定的流程，经过国家主管部门备案登记后才能确认减排量，成为可交易的CCER碳资产。

CCER项目的开发流程在很大程度上沿袭了清洁发展机制项目的框架和思路，需经过严格的项目备案和减排量签发流程，主要包括项目文件设计、项目审定、项目备案、项目实施与监测、减排量核查与核证、减排量签发六个步骤，见表6-7。项目业主选择适合项目的方法学，根据方法学的要求编制项目设计文件，向国家主管部门申请，并由第三方审核机构审定该减排项目，项目审定通过后经主管部门评审批准完成注册备案。经备案的CCER项目产生减排量后，项目业主聘请第三方机构进行减排量核证，并向国家主管部门申请签发减排量。对于同一个CCER项目，项目注册备案只需发生一次，而减排量的签发备案会因为所产生CCER的时段不同发生多次。

表 6-7　CCER 的开发流程

阶段	机构		
	项目业主	第三方审核机构	国家主管部门
项目备案阶段	1）编制项目设计文件	2）进行项目审定，包括书面和现场审定	3）审查评估，过会后进行注册备案
减排量备案阶段	4）实施项目并进行监测，编写监测报告	5）减排量核证，出具核查报告	6）对申请资料进行审查，过审后完成签发

3. CCER 项目开发的价值

CCER项目可以产生经过核证的减排量，这个减排量的价值可以体现在以下几个方面：

1）用于碳市场控排单位履约：根据《碳排放权交易管理办法（试行）》第二十九条，重点排放单位每年可以使用国家核证自愿减排量抵销碳排放配额的清缴。按照目前的规定，用于配额清缴抵消的CCER应同时满足两个要求：一是抵消比例不超过应清缴碳排放配额的5%；二是不得来自纳入全国碳排放权交易市场配额管理的减排项目。按照这个规定，如果当年纳入全国碳排放权交易市场的覆盖排放量约为40亿t，按照CCER可抵消配额比例5%测算，CCER在全国碳排放权交易市场的最高可交易额就是2亿t。其基本原理如图6-11所示。

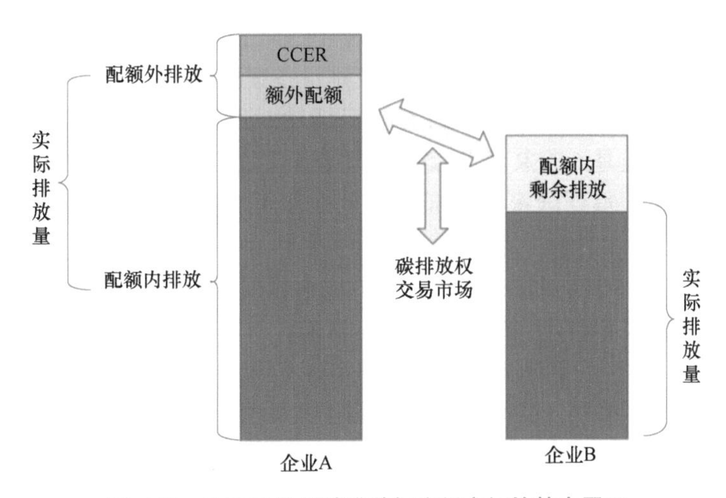

图 6-11　CCER 用于碳排放权交易市场的基本原理

例如A企业为纳入全国碳排放权交易市场的重点控排企业，获得的排放配额（CEA）为180万t，上一年实际核算排放量为200万t，那么A企业应清缴配额为200万t，履约缺口20万t。A企业可以最多购买10万t CCER用于抵消，其余的10万t需要购买配额（CEA）进行履约。如果当时配额价格为50元/t，CCER为25元/t，那么A企业购买10万t CCER进行履约就可以节省250万元（25元/t × 100000t=2500000元）。

目前，国内各个地方试点碳排放权交易市场也有关于使用CCER用于控排企业履约的制度规定，但是各个地方试点碳排放权交易市场在CCER的使用比例、项目类型以及项目来源等方面都有自己的限制要求。

2）用于企业实现碳中和目标。有些企业执行自愿碳中和目标，在量化其碳足迹、实施了减排行为之后，还需要抵消剩余温室气体排放来达到碳中和。国内已有众多企业通过购买 CCER 的方式抵消了自身在一定时期内的温室气体排放量。

3）用于大型活动的碳中和。根据生态环境部发布的《大型活动碳中和实施指南（试行）》，可用于碳中和温室气体排放量包括全国或区域碳排放权交易体系的碳配额，CCER 即“核证自愿减排量”，经省级及生态环境主管部门批准、备案或者认可的碳普惠项目产生的减排量，经联合国清洁发展机制或其他减排机制确认的中国境内的中国项目产生的温室气体减排量。

4）作为金融资产，开展 CCER 质押、碳信托等碳金融活动。自 2021 年以来，金融机构和企业逐渐认识到了碳配额的资产属性，围绕 CCER 的碳金融实践逐步拓宽。

5）生态补偿价值。风力、光伏、水电等可再生能源以及林业碳汇等项目适用于西部生态资源多、经济密度相对低的区域，这些区域项目的碳资产开发既降低了碳减排成本，又能通过交易得到生态补偿，真金白银地体现了“绿水青山就是金山银山”。

CCER 以更为经济的方式，构建了使用减排效果明显、生态环境效益突出的项目所产生的减排信用额度抵消重点排放单位碳排放的通道，所以作为一种抵消机制，它是碳排放权交易市场重要的组成部分。

4. CCER 方法学

CCER 项目开发要基于适用的方法学。CCER 项目的减排量采用基准线法计算。

（1）方法学　方法学指确定项目基准线、论证额外性等用于指导和规范 CCER 项目开发的方法指南。其基本的思路：假设在没有该 CCER 项目的情况下，为了提供同样的服务，最可能建设的其他项目所带来的温室气体排放（BEy，基准线减排量），减去该 CCER 项目的温室气体排放量（PEy）和泄漏量（LEy），由此得到该项目的减排量（ERy），其基本公式为

$$ERy=BEy-PEy-LEy$$

这个减排量经核证机构的核证后，进行减排量备案后即可交易。

（2）基准线　基准线指在没有 CCER 项目活动时最可能出现的人为温室气体排放情景。基准线研究和核准是 CCER 项目实施的关键环节。对于每一个项目来说，计算基准线所采用的方法学必须得到国家主管部门的批准，而且基准线需要得到指定经营实体的核实。

（3）额外性　CCER 项目活动所产生的减排量相对于基准线是额外的。额外性是 CCER 的核心，也是 CCER 项目能通过备案的关键。

认定某种项目活动产生的减排量相对于基准线是额外的，就要求这种项目活动在没有外来的支持下，存在如财务、技术、融资、风险和人才方面的竞争劣势或障碍因素，靠自身条件难以实现，因而这一项目的减排量在没有 CCER 时难以产生。反之，如果某项目活动在没有 CCER 的情况下能够正常商业运行，那么它自己就成为基准线的组成部分，相对这一基准线无减排量可言，也就无减排量的额外性可言。

举个例子：有一个养殖企业，目前本身的生产过程有个基准甲烷和二氧化碳等温室气体的排放量，现在有计划减少上述排放量。传统的养殖方式存在着很大的碳排放问题，要想实现减排目标，就需要采用一系列的先进技术和设备，如采用热能回收、生物质气化等技术，以及高效低碳的饲料等手段。所以，如果该企业仅仅是依靠已有的生产技术和设备进行改良，将很难实现减排目标。然而，采用新的技术、引进新的设备，需要投入大量的资金和管理成本，同时需要投入长时间的技术研发和试验，因此企业很难通过现有条件来实现减排目标。但是，如果企业通过外部资源的整合，能够获得 CCER 项目的支持，那么可以获得财政激励和其他的优惠政策，这些障碍因素就可以逐步得到克服，使减排目标得

以实现。因此，在该企业中，CCER 项目具备了额外性。

2023 年 10 月 24 日，生态环境部公布了首批 CCER 项目方法学，为全国 CCER 市场重启奠定了基础。

首批方法学选择造林碳汇、并网光热发电、并网海上风力发电和红树林营造这四个相对成熟、争议不大的领域，见表 6-8。这意味着这些领域符合条件的项目，可以按照方法学的要求设计和审定温室气体自愿减排项目，以及核算、核查温室气体自愿减排项目的减排量，即可以纳入 CCER 交易标的。

同时，首批方法学对项目的真实性、唯一性和额外性以及项目计入期和减排量核算方法做出新的规定。

表 6-8　目前使用比较多的 CCER 方法学

领域	适用条件	计入期	基准线	额外性
造林碳汇	适用于乔木、竹子和灌木造林，包括防护林、特种用途林、用材林等造林	项目寿命期限范围之内，从减排量登记起 20~40 年内	维持造林项目开始前的土地利用与管理方式	按照《温室气体自愿减排项目设计与实施指南》中“温室气体自愿减排项目额外性论证工具”对项目额外性进行一般论证。其中，符合条件的公益性造林项目免于论证
并网光热发电	适用于独立的并网光热发电项目，或者“光热+”一体化项目中的并网光热发电部分	项目寿命期限范围之内，从减排量登记起，不超过 10 年	并网光热发电项目的上网电量由项目所在区域电网的其他并网发电厂进行替代生产的情景	符合本文件适用条件的项目，其额外性免予论证
并网海上风力发电	适用于离岸 30km 以外，或者水深大于 30m 的并网海上风电发电项目	项目寿命期限范围之内，从减排量登记起，不超过 10 年	并网海上风力发电项目的上网电量由项目所在区域电网的其他并网发电厂进行替代生产的情景	符合本文件适用条件的项目，其额外性免予论证
红树林营造	连续面积不小于 400m^2，符合条件的人工种植构建红树林植被的项目	项目寿命期限范围之内，从减排量登记起，20~40 年内	在实施红树林营造项目前，项目边界内的海域或土地资源开发利用方式为无植被潮滩或退养的养殖塘	符合本文件适用条件的项目，其额外性免予论证

CCER 方法学是 CCER 项目申请和备案的依据和标准。在日常的生产和生活中，可以看到很多节能减排的行为，都是非常值得提倡、学习和宣传的。然而，没有现成方法学依据的减排项目是无法被认定为 CCER 项目和减排量的，更不能参与自愿减排市场的交易。所以，如果有减排项目想开发为 CCER 项目，就要仔细检索目前已经备案过的方法学，找到符合的方法学才能依此申请备案减排项目及减排量。

技术是不断进步的，随着生产技术和经济的发展会有新的技术产生。为了更好地发挥自愿减排量的市场机制作用，更好地推动新的碳减排技术的应用，很多企业和机构自愿投入资金开发新的 CCER 方法学，借此让更多的减碳项目能得到 CCER 的机制支持。

CCER 签发在 2015 年启动，但在 2017 年暂停，暂停期间只有存量 CCER 可在市场交易。2023 年 8 月 17 日，北京绿色交易所发布了《关于全国温室气体自愿减排交易系统交易相关服务安排的公告》，全国温室气体自愿减排交易系统即日起开通开户功能，接受市场参与主体对登记账户和交易账户的开户申请，CCER 交易重启。

1. 以小组为单位，查找已经备案的方法学，看看有没有和本专业相关的 CCER 项目可以开发。

2. 假设某企业为全国碳排放权交易市场履约和交易的企业，上一年经核查的碳排放量为 350 万 t，分配的碳配额为 320 万 t，请查询现在的 CEA 和 CCER 价格。如果你是该企业的碳管理部门负责人，你会怎么筹划履约工作？

第五节

碳普惠——个人参与碳市场的途径

【学习目标】

了解碳普惠机制。

【能力目标】

能够基本识别日常低碳行为方式。

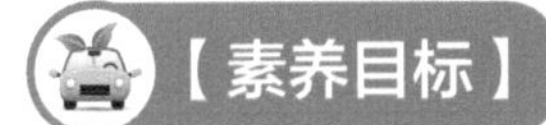

【素养目标】

践行绿色低碳生活方式。

【课堂知识】

一、什么是碳普惠

碳普惠是指将企业与公众的减排行为进行量化、记录，并通过交易变现、政策支持、商场奖励等消纳渠道实现其价值的一种节能减碳制度设计。碳普惠是一项创新性自愿减排机制。它巧妙利用“互联网＋大数据＋碳金融”的方式，通过构建一套公民碳减排“可记录、可衡量、有收益、被认同”的机制，对小微企业、社区家庭和个人的节能减碳行为进行具体量化并赋予一定价值，从而建立起以商业激励、政策鼓励和核证减排量交易相结合的正向引导机制，积极调动社会各方力量加入全民减排行动。

如图 6-12 所示，碳普惠的基本原理是通过识别用户与碳排放有关的行为并采集数据，参考方法学对其减排进行量化，并按照规则生成碳积分发放至用户账户，由用户使用碳积分兑换权益和激励，来完成对低碳行为的正向激励和引导，从而完成普惠机制的闭环。

党的二十大报告多次提及“双碳”及发展方式绿色转型，提出要“倡导绿色消费，推动形成绿色低碳的生产方式和生活方式”。重点控排企业有强制碳排放权交易市场来调节减排，自愿减排项目进行了补充，普通公众和小企业日常的绿色低碳的生产方式和生活方式，也是逐渐形成了一个碳普惠机制。碳普惠是对企业、社区家庭和个人的节能减碳行为

进行具体量化和赋予一定价值，并建立起以商业激励、政策鼓励和核证减排量交易相结合的正向引导机制。

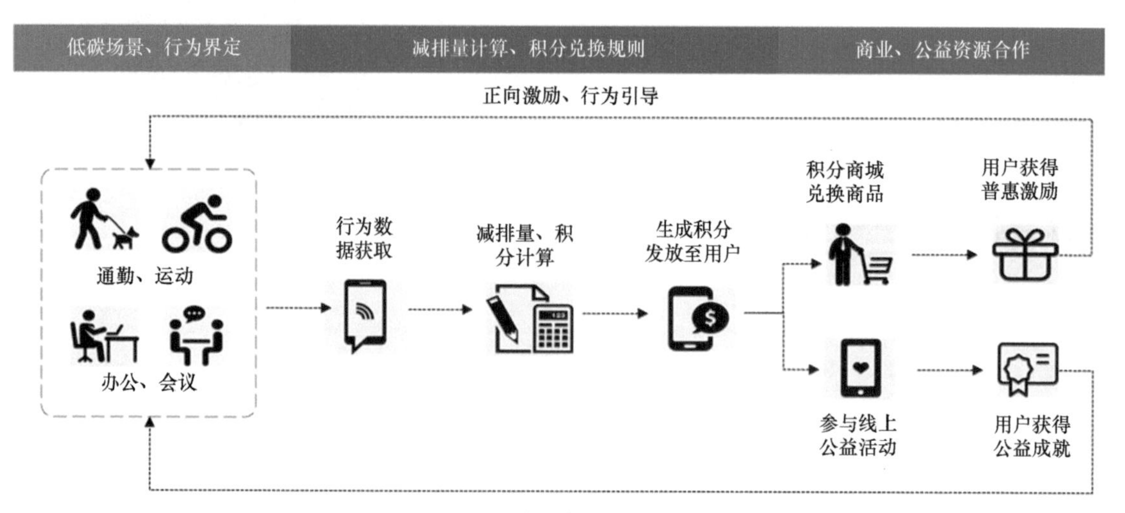

图 6-12　碳普惠的基本原理

碳排放权交易市场的实施范围主要集中在生产领域，碳普惠制的创新之处，就是把碳排放权交易的核心理念应用于民众的日常生活，遵循节能减排“人人有责、人人有利、人人有权”的原则，建立一套“碳币”信用体系，将公众的低碳行为以碳积分的形式量化并予以激励。

二、碳普惠案例

日常生活中，可以看到一些由企业、政府或者其他民间组织倡导的碳普惠平台。如图 6-13 所示，蚂蚁森林和碳惠天府都是典型的碳普惠平台。

图 6-13　碳普惠平台案例

蚂蚁森林是由互联网企业推出的创新应用方式，用远方“看得见的绿色环境改变”，创造用户身边“看不见的绿色行为”，量化日常绿色低碳行为，并与一些绿色公益组织合

作，推出激励机制，引导用户践行低碳生活。

碳惠天府是由地方政府主导的区域碳普惠平台，结合地方商业资源，推动区域绿色低碳氛围的营造，推广绿色低碳生活方式。碳惠天府以微信公众号、小程序、门户网站等形式推行，为广大居民和企事业单位提供线上践行节能减碳的绿色公益平台。平台利用数字技术带动公众减碳：通过注册燃油车自愿停驶、新能源车使用、使用共享单车等减碳行为，获得碳积分，积分可换取商品或服务，引导公众绿色出行、低碳消费、参与低碳环保活动等，践行绿色低碳生活理念；注册企事业单位实施节能改造、低碳管理、生态保护产生，可在网上进行交易，获得支助。鼓励社会参与碳减排量购买，动员全社会积极参与碳中和公益行动。

三、碳普惠的价值和意义

碳普惠是一个复合词，结合了“碳”和“普惠”两个概念。它用一种碳减排政策或措施，推动碳减排行动更加普及、包容和可持续，以确保减排的好处能够覆盖更广泛的人群和社会。理解碳普惠政策的价值，需要充分理解碳普惠机制中的几个关键要点：

碳减排：碳普惠政策的核心是减少温室气体排放，特别是二氧化碳的排放，以应对气候变化问题。

普惠性：碳普惠政策旨在确保减排行动的受益者不仅限于特定的利益群体，而是涵盖了社会的广泛范围，包括经济上弱势的人群和社区。

包容性：这些政策强调了包容性的减排行动，意味着任何人都可以参与到减排行动中，无论其社会地位、经济状况或地理位置如何。

可持续性：碳普惠政策强调了减排行动的可持续性，这意味着减排措施不仅要减少排放，还要在经济、社会和环境方面具有长期的可维持性。

社会公平：碳普惠政策鼓励社会公平，确保减排行动不仅不会加重社会不平等，还会减少贫困和社会不平等。

参与和教育：碳普惠政策通常包括教育和参与的组成部分，以便民众了解减排的重要性，并参与到减排行动中。

可扩展性：碳普惠政策通常具有可扩展性，意味着它可以在更广泛的地区和领域内推广和应用，以实现更大规模的减排。

碳普惠政策的目标是在减少温室气体排放的同时，实现社会经济的可持续增长，降低气候变化对弱势群体和社区的不利影响，并鼓励更广泛的社会参与，以共同应对全球气候挑战。这种政策的实施有助于平衡环境保护和社会发展的目标，从而实现碳中和的可持续未来。

四、做绿色低碳生活方式的践行者

相比碳排放权交易，碳普惠机制可以让更多人参与到碳减排行动中。虽然每个人量化出来的碳减排量很少，能够从平台上获得的物质奖励也很有限，但是低碳生活对于普通人来说是一种态度，而不仅是数量和能力，我们应该积极提倡并去实践低碳生活。“低碳”是一种生活习惯，是一种自然而然地节约身边各种资源的习惯。碳普惠机制让公众认识到减碳是每个人的责任，并在全民参与减碳行动的过程中描绘了每个人的“碳足迹”。

碳普惠机制对于促进全社会的节能减排、应对气候变化及生态文明建设，发展低碳经济，建设低碳和“资源节约型，环境友好型”的两型社会起着重要的作用；同时，对于发展中国碳排放权交易市场、掌握全球低碳政治与低碳经济话语权，利用大国实力，引导可持续发展，实现中华民族伟大复兴的中国梦都具有重要现实意义。

每个人都应该通过参与碳普惠活动增加低碳行为和低碳消费，为建立低碳城市，提升城市生态环境质量贡献自己的一分力量。

【扩展阅读】 绿色低碳践行者的行为参考

成为绿色低碳生活方式的践行者意味着你致力于减少自己的碳足迹，通过可持续和环保的方式生活，从而对环境产生更少的负面影响。以下是一些内容归纳，帮助你成为绿色低碳生活方式的践行者。

节约能源：

1）使用高效的电器和灯具，减少电能消耗。

2）离开房间时，随手关灯、关电器和电视等电子设备。

3）设定恰当的室内温度，减少空调和暖气的使用。

减少垃圾：

1）减少使用一次性塑料制品，如塑料袋、塑料瓶和塑料餐具。

2）垃圾分类和回收，确保废物得到适当处理。

3）考虑购买可再利用的产品，如可重复使用的水瓶、购物袋和咖啡杯。

可持续交通：

1）骑自行车、步行或使用公共交通工具，以减少汽车的使用。

2）考虑购买燃油效率高的车辆，或者使用电动汽车。

饮食选择：

1）减少肉类消耗，尤其是红肉和加工肉制品，因为养殖业和肉类加工对环境的影响较大。

2）增加蔬菜和水果的摄入，选择应季和本地产的食品。

减少水消耗：

1）修复漏水的水龙头和管道。

2）使用低流量淋浴头和马桶，以减少用水量。

3）考虑在户外使用雨水收集系统来浇花和灌溉。

可持续购物：

1）购买耐用品，避免快速消费。

2）支持环保品牌和产品，查看产品的生产和材料信息。

3）考虑二手购物和共享经济，减少资源浪费。

支持可再生能源：

1）如果可能，选择使用可再生能源，如太阳能或风能，以供电。

2）参与可再生能源项目或计划。

教育自己和他人：

1）深入了解气候变化和环境问题，了解你的碳足迹。

2）与他人分享环保信息，鼓励他采取可持续的生活方式。

支持环保组织：

参与或支持环保组织和倡议，为环保事业贡献力量。

1. 选择参与一个碳普惠平台，记录绿色低碳生活方式，坚持一周后看看自己节省了多少克碳排放量。约定一个时间，大家分享到班级群里打卡。

2. 参考低碳行为清单，围绕校园生活场景，设计一个校园碳普惠方案。

第七章
碳中和的人才发展机遇

【本章导读】

本章将围绕实现“双碳”目标中涉及相关产业升级后的人才需求、高校在“双碳”方面的专业建设，以及学生在“双碳”背景下的机遇与挑战，辅助学生设计“双碳”相关的职业发展路径，在生活中的“双碳”素养养成等方面具体阐述。

“双碳”虽然已经是社会熟知的热词，但对于学生的学习和生活而言，仍需要通过社会力量将“双碳”理念及与之相关的实践技能课程、讲座和活动等带进校园。作为学生，在助力实现“双碳”目标的过程中，尽管可能没有直接参与产业升级相关的职业活动，但仍然可以通过“双碳”专业知识的学习、技能的掌握为未来的职业发展和事业规划做好准备，同时在生活中践行减碳行为，积极参与到实现“双碳”目标中。

在中央财经委员会第九次会议中，关于碳达峰、碳中和，习近平总书记这样说：“实现碳达峰、碳中和是一场广泛而深刻的经济社会系统性变革，要把碳达峰、碳中和纳入生态文明建设整体布局，拿出抓铁有痕的劲头，如期实现2030年前碳达峰、2060年前碳中和的目标。”就其中的“广泛而深刻”而言，“广泛”意味着“双碳”目标的影响范围覆盖各行各业；“深刻”意味着“双碳”不只是简单的能源变革，而是整个生产方式甚至是国际经济秩序的变革。

未来几十年，用绿色经济的视角来看，所有的行业都值得以“双碳”的视角审视一遍，甚至是再造一遍，所以，各行各业蕴藏着巨大的机遇。碳达峰、碳中和将作为未来几十年发展的主旋律，而在这个主旋律下，学生们将大有可为。本章将围绕实现“双碳”目标中涉及的相关产业升级后的人才需求、高校在“双碳”方面的专业建设以及学生在“双碳”背景下的机遇与挑战进行阐述，辅助青年学生设计“双碳”相关的职业发展路径，并在生活中培养“双碳”素养。

“双碳”已经是社会熟知的热词，作为学生，在助力实现“双碳”目标的过程中，可以通过“双碳”专业知识的学习、技能的掌握，为未来的职业发展和事业规划做好准备，同时在生活中践行减碳行为，积极参与到实现“双碳”目标中。

【开篇案例】 三位高职学生发明清洁燃料 助力西部贫困县“清洁取暖”

金华职业技术学院商务学院的巨寅瑞来自国家级贫困县之一的甘肃省庆阳市镇原县。2020年8月，巨寅瑞在学院的创客训练营聆听了校友曹天阳学长的讲座，在了解到其经营的是采暖炉设备后，他想到自己的家乡还在用锅炉取暖。

锅炉取暖存在着诸多不便，一是烧煤取暖环境污染严重，二是热效率低，冬季取暖供热不足且能耗大。巨寅瑞和来自浙江义乌的骆家辉、嵊州的周浩男萌生了创业想法，要通过改变取暖方式，用一种清洁、高效、简便的取暖能源来提升当地人民的生活质量，同时助力家乡的生态建设，用生态补偿脱贫，以绿水青山致富。

三位同学共同探索，在多次向曹天阳学长请教后，他们了解到目前市场上的家用采暖炉设备所采用的生物质燃料多是田间作物的废料压缩而成的，还存在着燃烧不充分、助燃剂不清洁的问题。三人突破专业限制，通过实际调研，利用曹天阳学长现有的采暖设备和公司平台，反复多次试验，终于配比出一种热效率可达90%且不添加有害助燃剂的生物质燃料。他们将之命名为“微暖时光”，旨在让人们用最环保的方式度过一个温暖的冬天。随后，大家分工合作，申请了发明专利，同时，利用外语外贸类专业的优势找到厂家签订订单，打通了产品上游供应链。经过和镇原县新城镇小岘村村委会的多次协商，巨寅瑞收到了一份来自家乡的订单。

这一份来自西部的订单为创业团队提振了信心。他们制订了创业长期发展规划，未来，除了将“微暖时光”产品销往北方村镇，他们还打算积极响应国家提出的“一带一路”能源倡议，发挥团队中骆家辉的阿拉伯语优势，依托义乌国际商贸市场，通过Ebay、速卖通等平台，如图7-1所示，将产品销往国外。

图7-1 创客空间的学生们在发布速卖通信息

【思维导图】

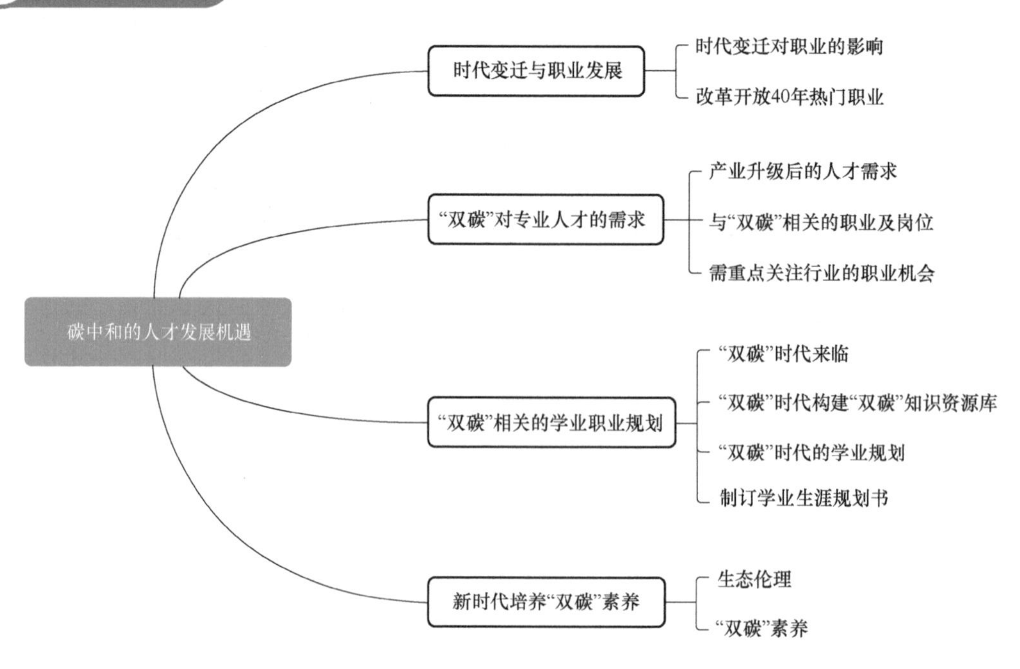

第一节

时代变迁与职业发展

【学习目标】

1. 理解时代变迁的意义。
2. 理解绿色经济。

【能力目标】

1. 具有搜索并掌握绿色经济相关的产业及职业的能力。
2. 理解时代趋势及绿色经济价值。
3. 探索相关绿色职业路径。

【素养目标】

培养绿色经济的意识。

【课堂知识】

一、时代变迁对职业的影响

随着社会分工和社会发展，职业也伴随着时代发生深刻的变革。如图 7-2 所示，职业变迁见证着时代的变迁。

图 7-2　时代变迁

1. 农耕时代的职业发展

农耕时代，从最原始的农事活动到铁器的使用和耕牛的出现，社会生产力得到了大幅度提高，农业也得到快速发展；同时，冶金技术使金属工具尤其是青铜和铁器得到了广泛的应用，手工业发展迅捷，从而让一批从事农事活动的人成为手工业者。

随着手工业的发展，商品交换日益频繁，社会上出现了专门从事商品买卖以从中盈利的商人。商人的出现推动了商业的发展，商业的发展促进了城市的繁荣。随着社会生产力的提高和剩余产品的出现，就使社会上一部分人可以摆脱体力劳动，专门从事脑力劳动。脑力劳动与体力劳动的分工促进文人阶层的出现，这是历史的一大进步，使人类在文化上出现了繁荣局面。

当土地所有制占据主导地位时，小农经济成为基本生产结构，家庭手工业的发展使职业的种类越来越多，分类也更加多样。普通老百姓的职业就有了“士农工商”四大分类，指读书、种田、做工、经商这四种职业，如图 7-3 所示。

图 7-3　古代的主要职业

2. 工业时代的职业发展

工业革命戏剧化地改变了人们的工作环境与生活条件。机器的发明、工厂的兴起，使大量的农民离开土地成为产业工人。工业革命的兴起，带动了商业、金融、地产以及数不清的服务业蓬勃发展起来，商品生产发展到极高阶段，成为社会生产的普遍形式。与此同时，资本主义的上层建筑也发生了前所未有的变革，如图 7-4 所示。

图 7-4　工业时代职业变迁

前所未有的变革产生了资产阶级的国家政权、法律制度和思想体系，这又发展出许多新兴的职业，如警察、律师和教师等。

以下是工业时代的典型职业：

（1）工厂工人 工业时代最显著的职业之一是工厂工人。他们在工厂中从事各种工作，如制造、装配、生产线工作等。这些职位通常要求人们在规定的工作时间内完成任务。

（2）工程师和技术人员 工业革命带来了新的技术和机械装置，需要工程师和技术人员来设计、维护和改进这些设备。

（3）销售和市场人员 随着大规模生产的兴起，需要销售和市场人员来推广和销售产品。这导致了销售和广告行业的崛起。

（4）运输和物流 工业时代需要运输和物流系统来将原材料和产品从生产地点分发到市场。这创造了司机、船员和仓储员等职业。

（5）矿工和采矿工人 工业时代对矿产资源的需求增加，从而带动了采矿业，需要矿工来开采矿石、煤炭和其他资源。

（6）教育工作者 随着工业化的发展，教育的需求也增加。教师和教育工作者扮演着培养新一代工人和专业人员的重要角色。

（7）管理人员 大规模生产需要管理和监督，因此，经理和管理人员成为必需的职业。

（8）医生和医疗保健工作者 工业城市的增多带来了健康和医疗保健领域的发展，需要医生、护士和医疗专业人员。

（9）建筑工人和工程师 城市的扩张和工业化进程需要建筑工人和工程师来建造工厂、住宅和基础设施。

（10）科学家和研究人员 工业时代推动了科学和技术的发展，科学家和研究人员在各个领域做出了重要贡献。

工业时代为各种职业提供了机会，但也带来了新的社会问题和劳动问题，劳工法律和社会政策也逐渐发展，以应对工业化时代的挑战。工业时代的职业发展为现代社会的基础奠定了重要基础，也为后来的信息时代和数字时代铺平了道路。

3. 信息时代的职业发展

伴随着互联网和数字经济的快速发展，职业的更新迭代也日新月异。以信息技术为主的职业需求不断激增，主要集中在以下领域：

（1）信息技术领域 各行各业都需要互联网+，所以软件工程师、应用程序开发人员、数据分析等职业非常抢手；除此之外，网络管理员、系统管理员等负责维护和保护计算机系统和网络的专业人员的需求也非常旺盛；随着全民网络时代的来临，负责保护组织的信息和数据信息安全专家的需求不断增长。

（2）数字营销和电子商务领域 在信息时代，电子商务带来了第二次商业革命，因此互联网市场营销方面的岗位需求激增，如电商运营、电子商务分析师等负责在线销售和推广的人才一度成为各行各业必备的岗位。

（3）人工智能领域 随着信息技术的不断发展，机器学习和人工智能等专业人才已然成为炙手可热的职业。

（4）其他领域 数字时代为自由职业者提供了更多机会，包括自由撰稿人、设计师、程序员等，越来越多的公司提供远程工作选项，使人们可以在全球范围内寻找就业机会；在线教育平台的兴起为教育者和教育技术专业人员提供了广泛的职业机会；在健康医疗领域，开发医疗信息系统、无纸化病例等技术的应用大幅提升了效率。除此之外，还涌现出了许多的新职业，如网约车司机、外卖骑手、网络营销师、电商主播、知识博主等，还有很多像新媒体运营、游戏体验等新职业。

信息时代，新技术已经渗透于各行各业。

4. 绿色经济时代的职业机会

2021 年，随着“双碳”目标的落地，中国正式走上绿色变革之路，各行各业的生产方式都将在未来几十年内发生巨大转变，许多产业将面临绿色转型，低碳发展也将成为产业行业角逐的新赛场。为推动实现“双碳”目标落地，监管部门陆续发布重点领域和行业“碳达峰”实施方案及一系列支撑保障措施，构建起“双碳 1+N”政策体系，加快推动经济社会发展全面绿色转型。“双碳”目标加速进行，与之相关的技术和人才需求都在激增。

2022 年，人力资源和社会保障部公示了修订的《中华人民共和国职业分类大典》（以下简称大典），新版大典在 2015 年版将 127 个职业标识为绿色职业的基础上，对 133 个绿色职业进行了标识。自绿色职业概念被提出以来，在碳达峰、碳中和发展目标的指引下，一批绿色职业如雨后春笋般不断涌现，不断拓展着新的就业和发展空间。

二、改革开放 40 年热门职业

20 世纪 80 年代初，我国的各项建设方兴未艾，市场很需要经济人才，那时候的“财经”专业非常火热，有些学生甚至放弃本科就为了读专科的财经专业，为的就是毕业分配去银行、审计、财政等待遇优厚的部门。

到了 20 世纪 80 年代末期，大量外企进入中国，对外贸易、国际贸易、外语等专业成了香饽饽，迅速取代财经专业。在那个年代，外企的月薪可能是国企、民企的数倍。

20 世纪 90 年代，计算机专业急速攀升，成为热门专业。当代的互联网大厂的第一代“大牛”基本上都是 20 世纪 90 年代互联网圈内的计算机专业人才。

进入 2000 年后，我国的城镇化进程加速，房地产行业大热，毕业后能进入大型房地产企业，踩在风口之上，有的人短短十年就实现了财务自由。

到了 2010 年前后，金融行业大热，投资领域成了“金饭碗”。

近几年，虽然软件工程、计算机、信息技术等专业持续发热，但是新一轮人才流动已经开始，互联网的行业光环逐渐消失，人工智能的崛起为技术人才带来新的职业红利期。特别是即将开启的绿色经济时代，产业转型升级必将导致一大批职业被创造出来。

每个时代都有红利行业和职业，而行业、职业都是紧跟着宏观大势变化的。作为年轻一代的创造者们，绿色经济时代大势将至，各行各业将有无限的发展潜力与空间等待着年轻人们施展才华、成就自我。因此，对于广大的学生而言，可以抓住这个绿色趋势，进行职业生涯规划。

【课堂实践】

分小组以不同时代的典型职业变迁进行剧本创作，以戏剧或小品的方式进行呈现。

第二节

“双碳”对专业人才的需求

【学习目标】

1. 了解与双碳相关的产业及人才需求。
2. 掌握双碳相关的人才素养技能。

【能力目标】

1. 会通过网络收集与双碳相关的市场需求。
2. 能发现双碳相关的机遇与挑战。
3. 会制订与双碳相关的职业规划。

【素养目标】

1. 培养在“双碳”中发现机会并适应挑战的能力。
2. 培养与双碳职业相关的软技能。

【课堂知识】

一、产业升级后的人才需求

双碳目标的实现带动了新型业务、新型企业、新型行业的蓬勃发展，随之而来的是新职业、新岗位、新的就业机会（图 7-5)。2020—2050 年，预计将有 70 万亿左右的基础设施投资被撬动，伴随各类新型业务在可持续发展方面为经济和工业发展创造新的机会，意味着大量的从业人员和即将就业的人将由传统的高碳行业转向低碳行业谋求发展。仅在零碳电力、可再生能源、氢能等新兴领域，就将创造超过 3000 万个就业机会，这种产业升级匹配的就业机会变迁将对劳动力素质和技能提出了更高的要求，有利于促进高质量的就业。

数据显示，在过去五年中，需要绿色技能的职位招聘规模以每年 8% 的速度增长，而同期绿色人才规模的增长比例约为 6%。金融行业对绿色人才的需求量最大。其中，“私募股权专家”是增长最快的绿色化职位。这表明，在中国即使是主流投资职位也越来越需要

绿色技能。此外，可再生能源、风能、太阳能也都跻身中国最热门的绿色技能之列。绿色人才需求如图 7-6 所示。

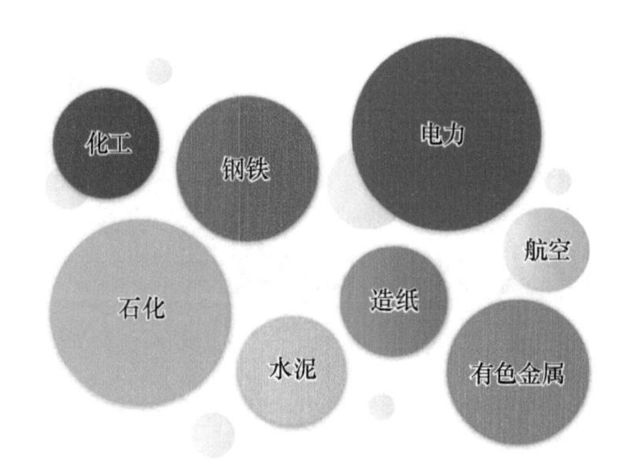

图 7-5 “双碳”时代的行业机会

招聘绿色人才的行业	增长最快的绿色职位	增长最快的绿色化职位	最热门的绿色技能
1) 制造 2) 金融 3) 软件和IT服务 4) 教育 5) 企业服务	可持续发展经理(33%)	1)私募股权专家(42%) 2)生物总监(12%) 3)合规经理(9%)	1) 可再生能源 2) 风能 3) 可持续发展 4) ISO 14001 5) 太阳能

注：1. 招聘绿色人才的行业(2021年招聘绿色人才比例最高的行业)
2. 增长最快的绿色职位(2016—2021年实现最快年度增长的绿色和绿色化职位及其各自的增长率)
3. 最热门的绿色技能(2016—2021年添加最多的绿色技能)

图 7-6 绿色人才需求

数据显示，在 2021 年，潜在绿色化职位约占中国总招聘数量的 50%；2022 年，新修订的国家职业分类大典共确定绿色职业 134 个，约占职业总数的 8%。国家职业分类大典对绿色职业的认可，增强了从业人员的职业认同感，同时对促进就业创业、引领职业教育培训改革、推动经济社会高质量发展等具有重要意义。这意味着中国的绿色转型，尤其是在传统意义上非绿色行业的转型，在未来几年有加速的潜力。总的来说，目前国内的领先行业，如能源和采矿业、农业、制造业、设计等行业，以及房地产、健康与健身、消费品、艺术、娱乐等多个领域均出现绿色转型正向趋势。

二、与“双碳”相关的职业及岗位

根据《“双碳”人才洞察报告》，围绕“双碳”目标实现主要有两大类的需求人才，一类是政策管理人才，另外一类是技术类人才。

“双碳”目标实现需要通过顶层机制设计、发展路径规划进一步落地，离不开政策管理人才。在顶层设计明确“双碳”各项工作内容、目标和原则等基础上，大量市场、法律、金融、咨询等相关人才的需求也随之产生。以碳咨询岗位为例，属于碳排放核算和资产交易的交叉学科，既要熟悉控排企业生产工艺流程、能够编制温室气体减排项目设计文件，又要懂得资产管理的基本知识，还需要对碳市场运行规律和衍生方向有较深入的理解，专业性和实践性都很强。

碳资产管理运营层面的人才是当前较紧缺的领域人才。碳资产管理运营的人才需求分为碳排放数据核算核查、碳市场交易、碳金融分析三个方面。自开启全国碳排放权交易市场建设以来，全国两千多家发电企业都经历了碳管理人才队伍从无到有的过程。随着全国碳排放权交易市场正式交易的启动，碳资产管理涉及的金额少则数十万元，多则上亿元，未来还将涵盖期货交易、金融风险管理等专业门槛较高的领域。从业者不仅数量上将剧增，知识门槛也将逐渐提高。

在技术型人才方面，不仅需要精通自己的专业，还需要学习减碳、增汇领域需要跨学科的综合知识。例如建筑行业减排，专业技术人员需要既懂建筑工程，又懂碳专业知识技能的交叉型人才。节能减排、能源替代等核心技术能否实现突破，决定了我们是否能够在"双碳"战略下占据有利竞争地位。"双碳"战略离不开技术研发者。在技术可行的前提下，生产领域、工程领域会衍生出来大量的制造者、生产者。

在《中华人民共和国职业分类大典（2022年版）》中，碳排放管理员、碳交易师、碳监测工程师等热门职业受到人们的广泛关注。自2021年3月18日，人力资源和社会保障部、国家市场监督管理总局、国家统计局发布了18项新职业，将"碳排放管理员"列入国家职业序列。"碳排放管理员"这一新兴职业的出现从侧面反映了我国在实现碳达峰、碳中和方面的决心。

从狭义上来说，与双碳直接相关的职业岗位见表7-1。

表7-1　与双碳直接相关的职业岗位

职业岗位	工作内容	岗位职能
碳资产管理员	指为碳资产的所有者实现碳资产的增值保值管理，并帮助企业运营全程的碳资产综合管理业务，包括碳资产开发、碳盘查、碳审计、碳资产计量、碳资产评估以及低碳品牌建设等的专业人员	帮助企业通过内部节能、技术改进、增加清洁能源利用等办法减少碳排放量的同时，把配额碳资产作为新型资产并进行交易、转让、融资等活动；协助企业开发信用碳资产，并在配额碳资产和信用碳资产中进行资产管理，使企业更早完成"碳达峰和碳中和"目标
碳排放权市场交易员	指按照《碳排放权交易管理办法》等文件规定以及碳排放权交易机构的相关规则，制订企事业单位碳排放交易方案，进行企事业单位碳排放权的购买、出售、抵押等各项操作的专业人员	帮助企业开发和管理碳资产，制订企事业单位碳排放交易方案。通过碳排放权购买、出售、抵押等帮助企业完成遵约，降低碳减排成本，助力企业实现"碳中和"

通过分析智联招聘、Boss直聘等招聘平台发布的电力、水泥、钢铁、造纸、化工、石化、有色金属、航空等行业"双碳"人才招聘需求，得出"双碳"专业岗位人才主要需要获得以下知识与技能：

1）系统了解碳排放相关理论知识，了解应对温室气体变化行动及碳排放权交易的相关内容。

2）能进行温室气体排放监测、统计核算，能编制温室气体量化报告。

3）掌握碳排放核查规范，能胜任对企业温室气体排放核查的工作。

4）掌握碳排放权交易的理论知识，以及国内外碳排放权交易的进程。

5）熟悉当前国内碳排放相关政策法规，能初步制订碳管理策略，为企业节能减排提供咨询服务。

除了专业的"双碳"岗位人才外，还有一些"双碳"人才机会，如图7-7所示。

（1）可再生能源工程师　随着对可再生能源（如太阳能、风能、水能）需求的增加，需要工程师来设计、建设和维护可再生能源设施，推动清洁能源的发展。

（2）绿色建筑专家　绿色建筑注重能源效率和环境可持续性，需要专家来设计和评估建筑的环境友好性，包括能源利用、材料选择和废物管理等方面。

（3）环境工程师　环境工程师致力于解决环境问题，包括减少污染、废物处理和水资源管理等。他们在制定和实施环保政策、监测和评估环境影响方面发挥着重要作用。

（4）可持续发展顾问　可持续发展顾问帮助企业和组织制订可持续发展战略和目标，

并提供相关咨询服务。他们帮助客户减少碳排放、提高资源利用效率，推动可持续经济发展。

图 7-7 “双碳”岗位需求树

（5）清洁技术研发人员 清洁技术的研发涵盖了能源储存、碳捕获和利用、低碳交通等领域。研发人员致力于开发创新技术和解决方案，推动低碳技术的应用和商业化。

（6）碳足迹分析师 碳足迹分析师评估个人、企业或产品的碳排放情况，并提供减少碳足迹的建议。他们在衡量和监测碳排放方面发挥着重要作用，帮助实现碳中和和减缓气候变化。

广义地来看，各行各业都需要进行“双碳”的优化改造。实现目标的整个过程必然需要教育、金融、法律、国际合作、个人等各个行业、各个层面的支持和运作，这些才是支撑“双碳”目标稳步实施的支柱。在这众多领域中，总有适合职教学生发展的方向。

除了上述双碳专业岗位及相关专业领域的需求外，实现双碳目标还需要具备跨学科和综合能力的人才，能够进行跨部门合作、整合资源和推动创新。这包括项目管理、数据分析、政策制定和沟通协调等能力。同时，具备良好的团队合作、问题解决和领导力等软技能也是非常重要的。

三、需重点关注行业的职业机会

在“双碳”目标下，所有的产业都面临着产业升级的挑战，但紧密围绕“双碳”目标的实现，学生们可以重点关注以下热门产业。

1. 能源产业

能源产业是重点升级的领域之一，传统的化石燃料产业正面临转型，向可再生能源

（如太阳能、风能和水能等）转型。近年来，中国清洁低碳化进程不断加快，水电、风电、光伏、在建核电装机规模等多项指标保持世界第一，建成世界最大清洁发电体系，成为推动全球清洁能源发展的重要力量。

具体可关注的领域有新能源领域的储能、光伏光热、风电、核电、氢能、智能电网等。

2. 制造业

传统制造业正面临智能化和数字化升级挑战。自动化、机器人技术和物联网的应用使制造业能够提高生产效率、减少资源消耗，并实现可持续发展。

具体可关注的领域有新材料、新能源汽车、钢铁冶金、通信、智能家电、智能家居等。

3. 交通运输业

交通运输业正面临从传统燃油驱动的交通工具向电动汽车、高速铁路和公共交通的升级，这需要发展电动车辆技术、充电基础设施和智能交通管理系统。

具体可关注的领域有高铁及相关服务业、智能公共交通、智能充电系统、智能交通管理系统等。

4. 建筑与房地产业

建筑和房地产业需要升级以实现更高的能效和环境友好性。绿色建筑、节能技术和可再生能源的应用是关键领域。

具体可关注的领域有新材料、城市规划、节能节电技术等。

5. 农业与食品产业

农业需要升级以提高生产效率、减少化学农药和化肥的使用，并推动可持续的食品生产和供应链管理。

具体可关注的领域有乡村振兴、环境生态、新技术养殖、有机食品、可持续农业开发等。

6. 金融和投资业

金融和投资业需要升级以支持可持续发展的项目和企业。碳金融、绿色金融和社会责任投资等领域的发展正在增长。

具体可关注的领域有与“双碳”相关的金融领域和各个企业社会责任领域。

7. 医疗保健业

医疗保健业正面临数字化和创新的升级。远程医疗、电子病历和智能医疗设备的应用可以改善医疗服务和减少能源消耗。

具体可关注的领域有智能医疗设备和数字化技术等。

8. 旅游和酒店业

旅游和酒店业需要升级以实现可持续旅游和低碳酒店的发展。节能减排、环保设施和社区参与是重要方面。

具体可关注的领域有乡村旅游和社区环保等。

以上列举了一些可以重点关注的产业，实际上，几乎所有的产业都可以找到升级的机会，以适应可持续发展和“双碳”目标的要求。

实现“双碳”目标是一个全球性的挑战，需要各行各业的专业人才齐心协力。无论是科学家、工程师、经济学家、社会学家、法律专家还是市场营销人员，每个领域的专业人才都可以发挥重要作用。通过专业知识和技能的结合，各层次人才可以共同推动技术创新、政策制定和社会变革，为实现“双碳”目标做出贡献。

总之，实现双碳目标需要各个领域的专业人才积极参与和合作。通过专业知识、技术创新和跨学科的合作，我们可以共同努力，建立一个更可持续、更环保的未来。

1. 以八大行业为基础，在智联、Boss 等招聘平台搜索与“双碳”岗位或相关领域的职业机会，梳理企业所需知识、技能。

2. 以小组为单位，与小组成员互相讨论你想要从事的行业有哪些，并分析自身优势与行业的需求是否匹配。

第三节

“双碳”相关的学业职业规划

【学习目标】

1. 理解双碳时代与个人发展的关系。
2. 学会考察专业与职业的方法与步骤。

【能力目标】

能够制订我的职业生涯规划方案。

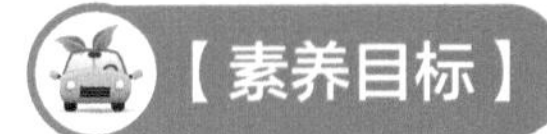

【素养目标】

1. 培养信息收集技能。
2. 制订自己的学业生涯规划书。

【课堂知识】

一、“双碳”时代来临

2021年11月13日，《联合国气候变化框架公约》第二十六次缔约方大会（简称COP26）在英国格拉斯哥闭幕，《巴黎协定》实施细则得以敲定，这意味着碳达峰、碳中和不再只是理念倡导，国内国际的各种政策和发展向我们展示了双碳时代的来临。

此前，2021年10月24日，我国《关于完整准确全面贯彻新发展理念做好碳达峰碳中和工作的意见》提出“双碳”目标的“三步走”路线图：到2025年，非化石能源消费比重达到20%左右；到2030年，非化石能源消费比重达到25%左右；到2060年，非化石能源消费比重达到80%以上。同时，明确了构建绿色低碳循环发展经济体系、提升能源利用效率、提高非化石能源消费比重、降低二氧化碳排放水平、提升生态系统碳汇能力五个方面的主要目标。

进入“双碳”时代后，中国经济社会发展将以全面绿色转型为主导，能源绿色低碳发展成为关键。产业结构、生产方式、生活方式都会面临重大变革。全球经济正进入“双碳”时代。能源的清洁和低碳将成为世界经济的新发展方向。

职业选择与时代的发展紧密相关，不同时代带来了不同的机遇和挑战，职业选择应紧跟时代的步伐。

二、“双碳”时代构建“双碳”知识资源库

只有掌握了足够多的信息，在遇到决策的时候才更加理性。在构建个人职业发展的路上，谁获取信息更新更快，掌握的信息更准确和分析最全面才能占据更大的优势。

由于与“双碳”相关的职业还在发展的早期阶段，相关的信息还没有那么系统和全面，学生在自主学习过程中，需要主动收集相关资源并构建属于自己的知识框架体系，以便在发展的过程中适应未来的变化与挑战。

构建属于自己的知识体系，信息收集是第一步，也是关键的一步。信息收集工作的好坏，直接关系到后续行动和决策的质量。在构建资源体系的时候，信息收集一定要遵循以下原则：第一，准确性原则，要求所收集到的信息真实、可靠；第二，全面性原则，要求所收集到的信息广泛、全面、完整；第三，时效性原则，信息只有及时地被它的使用者使用才能有效地发挥作用。在信息收集方面，一般有三个方法，第一，社会调查法，社会调查是指运用观察和询问等方法直接从社会中了解情况，收集资料和数据的活动，例如对双碳行业的从业者进行职业访谈；第二，建立专业的信息资源库，如国内较常用的数据库包括知网和万方，行业内的期刊、论文等，另外，共享文库如百度文库、豆丁文库、道客巴巴等也有很多相关资源；第三，参加一些行业活动，例如通过网络信息获得相关展会信息、行业论坛、垂直领域招聘会等。

三、“双碳”时代的学业规划

学业及职业生涯规划的第一步是自我评估，首先，了解自己的兴趣、价值观、能力和职业目标。考虑自己喜欢什么、擅长什么，希望在未来的职业生涯中实现什么人生目标。

第二步，确定专业领域或职业领域，大量收集相关的行业信息，了解行业职业的特点、专业课程内容和就业前景。考虑自己是否对相关领域有浓厚的兴趣。

第三步，进一步调研，通过信息收集或职业访谈，了解这些职业的工作内容、薪资水平、就业前景和所需的技能。

第四步，比较分析。将不同的专业和职业选项进行比较，考虑它们的优缺点，评估每个选项对应自己目标和兴趣的匹配度。

第五步：设计成长路径。如果确定去学习相关专业或从事相关的职业，确定所需的教育和培训路径，包括学历提升、专业技能认证、职业素养提升培训等。

高职学生若要继续升学，可以查询哪些专业与双碳经济相关。表 7-2 列举了一些本科院校及高职院校与双碳经济相关专业（供参考）。

表 7-2　本科院校及高职院校与双碳经济相关专业

门类	专业类	专业代码	专业名称
经济学	经济学类	020106T	能源经济
经济学	经济学类	020104T	能源与环境经济学
经济学	经济与贸易类	29401	国际经济与贸易
法学	法学类	030105T	国际经贸规则
法学	法学类	030101K	法学

（续）

门类	专业类	专业代码	专业名称
法学	政治学类	030206TK	国际组织与全球治理
理学	大气科学类	70602	应用气象学
理学	大气科学类	70601	大气科学
理学	海洋科学类	070703T	海洋资源与环境
理学	海洋科学类	070701	海洋科学
理学	化学类	070305T	能源化学
理学	理学类	070203	核物理
农学	林学类	090504T	经济林
农学	林学类	90503	森林保护
农学	林学类	90501	林学
农学	植物生产类	90105	种子科学与工程
农学	自然保护与环境生态类	90201	农业资源与环境
农学	自然保护与环境生态类	090206T	湿地保护与恢复
医学	公共卫生与预防医学类	100405TK	全球健康学
管理学	公共管理类	120410T	健康服务与管理
管理学	公共管理类	120404	土地资源管理
管理学	农业经济管理类	120301	农林经济管理

直接与“双碳”相关的专业见表7-3，其中包含能源动力类、环境科学与工程类、电气工程类、物理学类、化学类、材料类、建筑类等学科。

表7-3　直接与“双碳”相关的专业

门类	专业类	专业代码	专业名称
工学	材料类	080414T	新能源材料与器件
工学	材料类	080401	材料科学与工程
工学	电器类	080608TK	智慧能源工程
工学	电器类	080607T	能源互联网工程
工学	电器类	080602T	智能电网信息工程
工学	电器类	080601	电气工程及其自动化
工学	核工程类	82204	核化工与核燃料工程
工学	核工程类	82203	工程物理
工学	核工程类	82202	辐射防护与核安全
工学	核工程类	82201	核工程与核技术
工学	化工与制药类	081304T	能源化学工程
工学	化工与制药类	081303T	资源循环科学与工程
工学	环境科学与工程类	082506T	资源环境科学
工学	环境科学与工程类	082505T	环保设备工程

（续）

门类	专业类	专业代码	专业名称
工学	环境科学与工程类	82504	环境生态工程
工学	环境科学与工程类	82503	环境科学
工学	环境科学与工程类	82502	环境工程
工学	环境科学与工程类	82501	环境科学与工程
工学	机械类	080216T	新能源汽车工程
工学	建筑类	082807T	智慧建筑与建造
工学	林业工程类	82401	森林工程
工学	能源动力类	080507TK	可持续能源
工学	能源动力类	080506TK	氢能科学与工程
工学	能源动力类	080504T	储能科学与工程
工学	能源动力类	080503T	新能源科学与工程
工学	能源动力类	080502T	能源与环境系统工程
工学	能源动力类	080501	能源与动力工程
工学	农业工程类	82304	农业建筑环境与能源工程
工学	土木类	81004	建筑电气与智能化
工学	土木类	81002	建筑环境与能源应用工程
工学	矿业类	081508TK	碳储科学与工程
工学	地质类	081407T	资源环境大数据工程
工学	轻工类	081706TK	生物质能源与材料
农学	农学类	090206T	湿地保护与恢复

2024 年，中国职业院校开设的“绿色”技术技能专业数量已经达到了 56 个，在双碳目标下，将有更多职业院校的绿色专业会陆续开展起来。职教学生如果想要在“双碳”领域升学，可以综合考虑自己的实际情况（如学习能力与特长、兴趣爱好）、国家社会需求与行业前景，大致圈定自己想学的专业，通过查询最新升学政策和专业的设置情况进行选择。

四、制订学业生涯规划书

大学生学业生涯规划书主要包括自我分析、专业分析、岗位分析及行动计划等内容。以下是一份参考规划书。

职业生涯规划书

制订人：×××

（一）自我分析

1. 我的性格

大家都说我是一个活泼开朗的人，善于与人交流，人缘也比较好，但是很多时候在一

些场合缺乏自信，有时候考虑得太多，患得患失。我从小到大都比较要强，不服输，总想比别人做得更好，不过来到大学，发现天外有天，人外有人，所以开始理解“不管结果是不是第一，只要自己尽力了就是最好的”了。我的性格比较直爽，有的时候容易伤人，虽然尽力在改变，但是还需要进一步改善。在工作方面，我是个很好的合作伙伴，做事踏实认真，大家交给我的事情总能很好地完成。

2. 我的兴趣

我喜欢上网、逛街、打羽毛球等，我很喜欢玩，也关心时事和政治方面的新闻，可以说爱好广泛，但是没有什么很专一的兴趣。

3. 我所具有的能力

目前，我在班级担任班长，所以在这一年里，自己的很多能力都有所提高。比如，在协调班级工作中，增强了合作意识，并提升了统筹规划的能力；在工作中，可能会遇到一些摩擦，在解决这些小摩擦的过程中，我也提升了解决问题的能力，具有了一定的与人交流沟通和组织各种活动的能力。

4. 我的价值观

我感觉我的人生观和价值观都比较正确，人一生不能只为了钱去追逐，有意义的人生是创造价值，而不是为了追逐金钱和奢侈的生活。

5. 我的优势和劣势

优势：我的人缘不错，擅长与人交流，在组织活动等方面有一定的组织能力，性格比较开朗，能够很好地调节自己的心态，虽然比较要强，但做事踏实。

劣势：做事方面缺乏恒心，自制力比较差，不能很好地控制自己，在与人相处方面，有的时候因为说话太直接，容易伤害到别人。

6. 我的技能

英语比较好，计算机软件使用、口语表达能力比较强，善于学习新事物。

（二）专业就业前景分析

我所学的专业是自动化专业，我了解到“双碳”时代的能源、电力、建筑、智能制造、环保等各行业对自动化专业人才的需求不断增加，自动化专业的毕业生也将在“双碳”时代社会生活的各个领域、经济发展的各个环节找到发挥自己专长的理想位置。

虽然目前自动化专业就业形势较为乐观，但是如果没有“双碳”的专业知识，专业上没有过硬的技术，我想我很难找到一个满意的工作。

由于“双碳”时代自动化专业对技术的要求较高，而在专科阶段有很多东西都学不到，所以我要升本科及后续的考研，通过继续深造，争取能够在对口专业找到工作。

虽然，对于一个女生来说，学习自动化专业比较困难，但是如果坚定了信念并努力把它学好，就没有什么做不到的事情。既然选择了远方，便只顾风雨兼程，在今后的几年里，我要努力地学习“双碳”的知识和自动化专业就业时所要求的职业技能，争取在实践中培养自己的专业技能。

（三）职业选择分析

1. 在选择职业时遇到的最大困难和困惑

第一，我现在学习的专业是自动化专业，如果我从事本专业工作，那么需要我有很扎实的专业基本功和基础，但是现在我所学习的编程等内容对我自己来说有一定的难度，而且对这些内容并没有很深的兴趣，只是在一点点地培养。第二，现在全国开展此专业的学校有很多，而对于此专业我们学校并没有什么竞争力，所以不知道自己以后能不能找到合适的工作，也不知道今后能不能胜任自动化专业的工作。

2. 我的升学路径：继续升本科、考研。

3. SWOT 分析

内部环境因素：

（1）优势因素　①有学习新知识的能力；②目标明确；③善于动脑思考；④信息收集及分析问题的能力比较强；⑤英语水平较高；⑥情商较高，综合素质比较强。

（2）弱势因素　①专业知识水平不够；②做事毛躁，少耐心；③自己努力不够。

外部环境因素：

（3）机会因素　所学专业目前就业还可以，“双碳”+工科专业缺口需求量较大。

（4）威胁因素　①女生不好找工作；②全国开设此专业的学校很多，竞争压力较大；③学生就业形势紧张。

4. 我的职业目标选择的工作内容和胜任条件

（1）工作内容

1）负责电力系统碳排放的核算。

2）参与电力设备的节能设计工作。

3）研究开发电力设备安装施工技术。

4）负责相关发电设备运行的技术督导工作。

5）分析和处理电力设备安装、调试、检修和改造中的技术问题。

（2）职业概述　电力系统自动化工程师是从事电站与电力系统的自动化系统及设备的规划、设计、安装、调试、运行、检修、电网调度、用电管理、电力环保、电力自动化、技术管理等工作的电力专业工程技术人员。

（3）胜任条件　我学习的专业和本职业的要求相关，如果研究生毕业后参与此工作，在专业上的知识够用了。我比较认真，在技术工作中可以很好地完成任务。我的合作能力比较强，可以建立一个很好的合作团队。

5. 与职业选择目标的差距

1）在专业和“双碳”知识上，我还有很大的差距。

2）耐心做事的能力。工程师的工作很可能会比较枯燥，比较复杂，这就需要我有很强的耐心和对工作的热爱。这也需要我在今后的学习中不断努力提高。

（四）未来三年的行动计划

1. ××× 年暑假

暑假参与“双碳”及自动化行业的交流会，因为在行业交流会上所展出的大部分是专业水平较高的产品，较高的技术展示，所以很有必要去参观并仔细了解它们，提高自己的创新能力。

2. ×××× 学年

大二是专业课最多的时候，因为我要从事本专业学习并想升本，因此，大二一定要抓紧一切时间努力学习，并加深编程知识（如C语言和C ++）的学习，这是以后学习的基础，一定要打好基础。大二的实验课程明显增多，一定要把学习与实验相结合，工科需要的是动手能力，一定要在实验里多锻炼多争取参加数学建模大赛，帮助老师做一些项目。

1）奖学金：争取在这一学年，每科成绩都过 80，争取获得专业奖学金。

2）入党：好好表现，向党组织靠拢，起好带头作用，争取入党。

3）体育：加强锻炼，争取减肥 7.5kg，提高体能，为今后的考研的辛苦学习和高强度的工作提前锻炼好身体。

4）学习计划：在暑期参加碳管理师的学习，并获得认证。

5）实习计划：学院大三有金工实习，争取在这些实习过程中提高动手能力，为以后

的工作打好基础，要做一个有理论、有实践的大学生。

1. 思考并讨论：“双碳”时代下，我个人的兴趣能力与时代相结合的职业方向有哪些。

2. 课后任务：完成我的学业生涯规划书。

第四节

新时代培养“双碳”素养

【学习目标】

1. 理解生态伦理。
2. 理解“双碳”素养。

【能力目标】

生活中践行双碳行为。

【素养目标】

1. 培养“双碳”相关的职业素养。
2. 培养“双碳”相关的生活素养。

【课堂知识】

一、生态伦理

人与自然的关系是全人类面临的共同问题。自西方工业文明以来，随着人类改造自然的主观能动性的增强，人类控制自然、主宰自然的欲望日益膨胀，于是逐渐形成了以笛卡尔、康德、黑格尔等为代表的认为“人是自然的主宰者”的极端“人类中心主义”的环境伦理思想。西方的生态观深深地影响着世界，特别是第二次工业革命以后，经济发展与生态环境的矛盾凸显，以至于人类不得不面临高速发展带来的环境气候问题。

中国自古有“天人合一”的思想。道家经典著作《庄子》中提出：“天地与我并生，而万物与我为一”（《庄子・天地篇》）、“人与天一”（《庄子・山木篇》）、“顺之以天理，应之以自然”（《庄子・天运篇》）。道家思想中包含的生态伦理思想受到了普遍的关注，它包含的珍视生灵、关爱自然的思想都是以人为本，追求个体生命的永恒性，闪烁着人本主义的光辉，以及重视人与自然的关系，遵循自然规律、保护自然生态平衡的生态伦理观念。

习近平总书记说过，绿水青山就是金山银山，改善生态环境就是发展生产力。良好生

态本身蕴含着无穷的经济价值，能够源源不断创造综合效益，实现经济社会可持续发展。绿水青山就是金山银山，这句富含哲理的话如今已广为人知、深入人心，更在生动实践中开花结果、惠及民生。“绿水青山”指的是生态环境，“金山银山”说的是经济发展。生态环境是人类生存发展的根基，保护好生态环境，走绿色发展之路，人类社会发展才能高效、永续。

当下，我们面临快速发展与生态环境平衡冲突危机，培养绿色发展意识至关重要，对我们的生态人格塑造有重大意义。

在培养绿色发展意识的过程中，我们要不断审视身边的环境和反思自己的行为，并能够及时找出错误并纠正，这也是当代学生需要自我完善的过程。

绿色发展意识是素质教育的重要组成部分，是教学内容的客观要求，是提高学生道德素质的内在要求。通过对绿色发展意识的培育，提升学生的探究、分析和解决问题的能力，才能形成稳定的绿色发展价值观。

二、“双碳”素养

“双碳”素养是“双碳”时代社会公民学习、工作、生活应具备的一系列素质与能力的集合。

首先，在实现“双碳”目标的背景下，要在生活中养成“双碳”素养。

1）增强环境意识：学生可以通过学习和了解环境问题以及“双碳”目标的重要性，增强自己的环境意识。这包括参加环境保护知识的学习课程、阅读相关书籍和文章、参加环保组织的活动等。

2）节能减排生活方式：从自己身边的生活做起，采取节能减排的生活方式。例如，减少用水和用电量，选择公共交通工具或用骑行代替开车，推广垃圾分类和循环利用等。

其次，在大学的生活中，利用一切可以利用的学习资源，增强自己的知识素养。

1）科学研究和创新：可以参与与“双碳”目标相关的科学研究和创新项目。这可能涉及开展实验、进行数据分析、提出新的环境友好解决方案等；可以参与学校或社区组织的科研项目，或者自己发起小规模的研究项目。

2）参与社会活动和组织：可以积极参与各种环境保护和可持续发展的社会活动和组织。这包括参加环保讲座、参与志愿者活动、加入学校的环保社团等。通过参与这些活动，可以扩大影响力并与志同道合的人合作，推动“双碳”目标的实现。

3）教育和宣传：可以通过教育和宣传的方式提高社会对“双碳”目标的认识和理解。他们可以组织环保讲座、举办宣传活动、参与社交媒体和线上平台的信息传播等，向更多人传递环境保护和可持续发展的重要性。

4）影响政策制定：可以通过参与相关的政策讨论和倡导活动，影响政府的决策和政策制定过程。这可以通过撰写建议信、参加公众听证会、参与社区会议等方式来实现。

5）持续学习和专业发展：可以选择与“双碳”目标相关的专业领域进行深入学习，并在大学或职业生涯中追求环境保护和可持续。

最后，在即将成为职业人的道路上，用知识武装自己，内在修炼自身品格，外在提升职业技能，以较高的职业素养迎接“双碳”时代的来临。

1）“双碳”职业道德：在成为社会人的进程中，恪守绿色经济时代的道德准则，提升道德情操和道德品质，以一个积极正能量的绿色经济职业人承担起社会所负的道德责任以及义务。

2）“双碳”职业技能：对自己所学专业以及新增加的“双碳”领域的知识，整合到职业技能中，以较高技能参与绿色经济时代的社会分工。

3）“双碳”职业意识：每一位“双碳”领域的参与者，以主人翁精神和态度参与到伟大民族复兴之路，为构建全世界命运共同体努力奉献。

让节能减排深入人心，绿色低碳成为共识。实现“双碳”目标是党中央作出的重大战略决策，实现“双碳”目标，首先要让更多的人了解“双碳”目标，聚焦“双碳”发展。青年作为新时代最有朝气的力量，应当主动承担宣传责任，传播“双碳”战略，以实际行动呼吁更广大的人民群众参与进来，行动起来。

让节约成为习惯，以实际行动践行绿色发展理念。实现碳达峰、碳中和是一场广泛而深刻的经济社会变革，不能只依靠国家、政府、各大企业的努力，更需要我们全社会动员起来，而青年更应该走在践行“双碳”目标的前列，从杜绝浪费粮食做起，从选择公共交通做起，从小事做起，从身边做起，在实践中为“双碳”目标的实现贡献力量。

在“双碳”目标的实现上勇于奋斗，用青年之志引领中国之梦。当代青年作为未来的建设者，势必成为新一轮科技革命和产业变革中的先行者和主力军。无论是传统的“工农商学兵”“科教文卫体”，还是基于“互联网+”的新业态、新领域、新职业，我们都应当通过不断努力地汲取新鲜的专业知识，将个人奋斗的“小目标”融入“双碳”发展的“大蓝图”，为“双碳”目标的实现贡献自己的热血青春。

【课堂实践】

分组活动：分别为绿色出行组、绿色饮食组、绿色居住组、绿色衣物组。

小组任务：实践低碳生活在衣食住行方面的体现。每组派出一名记录人员记录这四组的头脑风暴，将生活践行行为进行班级分享展示。

参 考 文 献

[1] 胡鞍钢 . 中国实现 2030 年前碳达峰目标及主要途径 [J]. 北京工业大学学报，2023 (10)：12.
[2] 王灿，张雅欣 . 碳中和愿景的实现路径与政策体系 [J]. 中国环境管理，2020，12 (6)：58-64.
[3] 欧阳志远，史作廷，石敏俊，等 . "碳达峰碳中和"：挑战与对策 [J]. 河北经贸大学学报，2021，42 (5)：1-11.
[4] 蔡镇骏 . 碳中和目标下的绿色金融创新路径探讨 [J]. 中文科技期刊数据库（全文版）经济管理，2022 (11)：4.